计算进化史
改变数学的命运

[法]吉尔·多维克 —— 著 劳佳 —— 译

Les
métamorphoses
du
calcul

人民邮电出版社
北 京

图书在版编目（CIP）数据

计算进化史：改变数学的命运 ／（法）吉尔·多维克著；劳佳译. -- 北京：人民邮电出版社，2017.3
（图灵新知）
ISBN 978-7-115-44757-9

Ⅰ.①计… Ⅱ.①吉… ②劳… Ⅲ.①计算机科学—技术史—研究 Ⅳ.① TP3-09

中国版本图书馆 CIP 数据核字（2017）第 018928 号

内 容 提 要

本书从计算的变迁这一独特视角回顾了数学、逻辑学和哲学的历史沿革，展现了计算为数学研究发展带来的全新前景，展望了这场数学革命在自然科学、信息科学与哲学领域引发的重大变革。

- ◆ 著　　　　[法] 吉尔·多维克
　　译　　　　劳　佳
　　责任编辑　傅志红
　　执行编辑　戴　童
　　责任印制　彭志环
- ◆ 人民邮电出版社出版发行　　北京市丰台区成寿寺路 11 号
　　邮编 100164　　电子邮件 315@ptpress.com.cn
　　网址 https://www.ptpress.com.cn
　　涿州市般润文化传播有限公司印刷
- ◆ 开本：787×1092　1/32
　　印张：7.125　　　　　　　2017 年 3 月第 1 版
　　字数：110 千字　　　　　　2024 年 12 月河北第 16 次印刷
　　著作权合同登记号　图字：01-2016-2848 号

定价：39.00元
读者服务热线：(010)84084456-6009　印装质量热线：(010)81055316
反盗版热线：(010)81055315
广告经营许可证：京东市监广登字 20170147 号

版权声明

译者序

介绍数学史的书有很多，这一本却不太一样。

说起数学史，也许你会想到课本里各种定理前耳熟能详的名字，他们是代表人类最高智慧的璀璨群星。数学家们提出的定理，以及这些定理的证明，构成了数学史上一个又一个里程碑。然而，在浩如烟海的数学史中，本书作者却独辟蹊径，挑出了一条似乎并不那么耀眼的主线——计算。

古代的人们已经开发出各种方法来丈量土地、计算税收。无论是本书中提到的美索不达米亚，还是我们中国人熟知的《九章算术》等书，都体现了古人在计算方面的杰出成就。然而随着问题范畴不断扩大，"无穷"超出了计算力所能及的范围，于是古希腊人以"推理"奠定了公理化方法的根基。

从希尔伯特提出的用计算来代替推理的宏伟猜想，到可计算性理论与构造理论，再到通过计算机进行海量计算来完成证明，"推理"和"计算"在 20 世纪经历了反复的争斗。和科学史上的许多争论一样，重要的不是争论本身的结果，而是这一过程带来了学科的巨大发展，甚至创立出很多新的学科分支。我们在书中既可以看到眼下函数式编程里最常见的 λ 表达式的历史渊源，也能看到四色定理的计算机证明等我们熟知的数学里程碑。到底能不能用计算规则取代公理或许还悬而未决，但在数学家的工作中，计算的角色越来越显著这一趋势似乎已无可逆转，计算正在以一种全新的方式引领数学的前进。

　　"计算"这条主线看似简单，却牵涉到了哲学、逻辑、语言学、计算机科学等诸多领域。对于这些有些抽象乃至艰涩的内容，作者用通俗易懂的语言，清晰地把握概念而不过多地涉及学术细节，在必要处又用简明的算法示例与生动的故事加以介绍，充分展现了"大家写小书"的风范。在如今这个时代，计算机科学，特别是算法逐渐占据了我们工作和生活的每一个角落，对"计算"本身多一些了解和思考，应该说是十分有益甚至必要的。也许这本书中提到的某个领域，能够激起读者的兴趣，引发进一步的探索和研究呢。

感谢戴童编辑的大力支持，令译稿增色不少。感谢多维克教授解答翻译过程中遇到的疑问。

感谢我的父母和妻子在背后的支持与付出。

受译者水平所限，文字中的疏漏和不当之处在所难免，还请读者批评指正。

劳　佳

2016 年 10 月于加州

致热拉尔·于埃

感谢对本书做出贡献的学者及编校人员，他们是：

帕布罗·埃里奇、苏菲·班凯尔、雅克·德尚、

乔艾尔·傅埃、苏菲·卡勒耐克、朱塞佩·隆戈、

亚历山大·米凯尔、蒂埃里·包利、本杰明·维尔纳

前 言

数学踏上新的征程

人们常说，刚刚过去的一个世纪是数学真正的黄金时代。数学在 20 世纪的进步比先前所有的世纪加起来还要大。然而，刚刚开始的这个世纪也可能同样是数学发展的好时候。或许，数学在这个世纪的变迁会和 20 世纪一样巨大，甚至更为惊人。引发这种想法的信号之一是一场渐变：自 20 世纪 70 年代开始，数学方法的基石——证明的概念逐渐发生演变，让一个古老却有些被人忽视的数学概念重新回到了舞台中央，这就是"计算"。

计算能成为引发革命的导火索，这看起来有点不合常理。算法，比如做加法和做乘法的算法，常常被视为数学知识中最基础的一部分，做计算也经常被看成是缺乏创造性的枯燥工作。数学家们自己对计算也颇有成见，勒内·托姆就曾说过："我的论述中很大一部分属于纯粹的猜想，大家基本上可以把它们看成是梦话。我接受这种定性……

如今，世界上到处有这么多学者在做计算，难道有人做梦不是件好事吗？"用计算来做梦，大概还真有点难度啊……

不幸的是，对计算的偏见恰恰根植于"数学证明"这一概念的定义里。确实，欧几里得以降，"证明"的定义就是利用公理和演绎规则构建的一套推理。然而，要解决一个数学问题，仅仅需要构建一套推理吗？数学的实践难道没有告诉我们，解决问题需要把推理的步骤和计算的步骤巧妙地融合起来吗？公理化方法若局限在推理中，它所展现的数学视野恐怕也会十分狭隘。正是因为人们对约束过多的公理化方法多有批评，才让计算有机会重新出现在数学的舞台上。现在，已有一些研究工作（它们之间未必有关联）渐渐开始质疑推理高于计算的优势地位，并倡导一种更为平衡的观点，让两者互为补充。

这场革命让我们重新考量推理和计算之间的关系，同时也促使我们重新审视数学与物理学、生物学等自然科学之间的对话，特别是数学为何能在这些学科中发挥难以理解的强大作用这一古老问题，以及自然理论的逻辑形式这一全新问题。此外，这场革命给"分析判断"和"综合判断"等哲学概念带来了新的火花。它还让我们反思数学与计算机科学之间的关系，而且数学似乎是唯一一门不需要借助机器的科学，它为什么如此独特？

最后，最振奋人心的是，这场革命让我们隐约看到了一些解决数学问题的新方式，它摆脱了过去的技术强加给证明长度的枷锁——数学也许正踏上新的征程，去探索从未涉足的全新领域。

诚然，公理化方法的危机并不是凭空出现的。从 20 世纪上半叶起就有许多先兆，特别是两种理论——可计算性理论和构造性理论的出现。这两种理论本身虽然没有质疑公理化方法，却重新确立了计算在数学大厦中的地位。在讨论公理化危机之前，我们会简要回顾这两个概念的历史。不过，还是让我们先上溯远古，探寻计算这一概念的起源，看看古希腊人对数学的"发明"过程吧。

目　录

第三篇　公理化危机

第一篇
古老的起源

第1章

从史前数学到希腊数学

数学史往往是从公元前 5 世纪的希腊开始讲起的。毕达哥拉斯创立了算术,泰勒斯和阿那克西曼德创立了几何,奠定了古代数学的两大分支。算术和几何的创立,无疑是数学史上的重大突破。然而,这样的讲法却忽略了一个重要的时代,也就是所谓的"史前"数学。人们并没有等到公元前 5 世纪才开始解决数学问题,特别是那些日常面临的具体数学问题。

会计师和土地测量师

"数学"活动最古老的痕迹之一是在美索不达米亚发现的一块泥板,它可以追溯到公元前 2500 年。这块泥板记录了这样一个计算:如果一个谷仓里有 1 152 000 份粮食,每个人分得 7 份,一共可以分给多少人呢?不出所料,结果是 164 571 人,即用 1 152 000 除以 7 得到的结果。看来,美索不达米亚的会计师在算术"诞生"之前很久就知道怎么做除法了。甚至，书写完全有可能就是为了记账才发明的——虽然这些事情很难说得准，但若真是如此，数字就比字母发明得还要早了。有些人也许不愿意接受这种推测，但我们所有的书写文化，很可能都要归功于不怎么浪漫的会计行当呢！

美索不达米亚和埃及的会计师不仅会做乘除法，而且掌握了许多其他的运算，比如解二次方程等。土地测量师则会计算矩形、三角形、圆形的面积。

"无穷"的闯入

会计师和土地测量师创造的技法构成了史前的算术和几何。那么，公元前5世纪的希腊到底发生了什么特别的事情，独独让这个时刻成为了数学史的开端呢？想要搞清楚这一点，让我先举个例子吧。毕达哥拉斯有个学生，姓名已然不可考了，但他解决了这样一个问题：比如以米为单位，要找出一个等腰直角三角形，让三条边的长度都是自然数。因为三角形是等腰的，两条短边的长度一样，我们就设这个长度为 x，然后设长边，也就是斜边的长度为 y。因为这又是一个直角三角形，根据毕达哥拉斯定理①，y^2 就等于 $x^2 + x^2$。这个问题最终归结为：找出两个自然数 x 和 y，使得 $2 \times x^2 = y^2$。让我们来试试 4 以内所有 x 和 y 的可能性吧（见表 1.1）。

在所有这些情况里，$2 \times x^2$ 都不等于 y^2。我们还可以在更大的数字范围里继续寻找，事实上，毕达哥拉斯学派很可能寻找了很久，却没能找到解。后来，他们终于相信这个解不存在。他们是怎么说服自己这个解不存在的呢？显然不是试遍了所有的数对，因为这样的数对有无穷多个。你就算试到 1000 甚至 100 万，证实没有数对能满足条件，可你还是没法保证在更大的数字里面不可能有解……

让我们来重新构建一个思路吧，也许毕达哥拉斯学派就是由此得出这个结论的。

首先，在找解的时候，我们只要在 x 和 y 至少有一个是奇数的情况里找就行了。因为比方说 $x = 202$，$y = 214$ 是一组解，那么把两个数都除以 2 就可以得到另一组解 $x = 101$，$y = 107$。所以，至少要有一个数是奇数。再推广一点，我们任取一组解，把两个数反复除以 2，总归会得到

---

① 即勾股定理。——译者注

表 1.1 4 以内 x 与 y 的所有可能性

x	y	$2 \times x^2$	y^2
1	1	2	1
1	2	2	4
1	3	2	9
1	4	2	16
2	1	8	1
2	2	8	4
2	3	8	9
2	4	8	16
3	1	18	1
3	2	18	4
3	3	18	9
3	4	18	16
4	1	32	1
4	2	32	4
4	3	32	9
4	4	32	16

一组至少有一个数是奇数的解。如果这个问题有解，就必然存在 x 和 y 中至少有一个是奇数的解。

第二个想法是把数对分成 4 类：

- 两个数都是奇数；
- 第一个数是偶数，第二个数是奇数；
- 第一个数是奇数，第二个数是偶数；
- 两个数都是偶数。

有了这两个想法，我们就可以分 4 种情况证明，但这 4 种情况中没有一个能够构成 x 和 y 至少有一个是奇数的解，所以这个问题就没有至少有一个数是奇数的解，也就是说，这个问题根本没有解。

我们先从第一类开始：x 和 y 都是奇数的解不存在。因为如果 y 是奇数，则 y^2 也是奇数。它不可能等于 $2 \times x^2$，因为后者必然是偶数。这一论证也同样适用于第二类，即 x 是偶数而 y 是奇数。第四类本身就不成立，因为根据定义，数对中的两个数不可能都是偶数。现在只剩下第三类，即 x 是奇数而 y 是偶数。但在这种情况下，$2 \times x^2$ 的一半是奇数，而 y^2 的一半却是偶数——这两个数不可能相等。

一个平方数不可能是另外一个平方数的两倍——这个由毕达哥拉斯学派在2500多年前得到的结果，迄今在数学上仍占有重要地位。它证明了，如果你画一个短边长度为1米的等腰直角三角形，那么以米为单位的话，斜边的长度是$\sqrt{2}$。这个数稍大于1.414，却无法通过两个自然数y和x相除得到。由此，几何揭示了一些不能通过自然数的四则运算，即加、减、乘、除得到的数。

几个世纪之后，这个发现启发数学家们构造出了新的数——实数。但毕达哥拉斯学派没有走到这一步，他们还没有准备好放弃自然数这个基本观念。对他们而言，这个发现更像一场灾难，而不是前进的动力。

这个问题的革命性不仅仅在于它对未来数学的巨大影响，还在于它本身的性质及其解决的方法。首先，与美索不达米亚泥板上铭刻的把1 152 000份粮食除以7份的问题相比，毕达哥拉斯学派的问题更为抽象：美索不达米亚的会计师关注的是粮食的份数，而毕达哥拉斯学派的问题仅涉及数字本身。同样，这个问题的几何形式并没有谈到三角形的田地，而就是三角形这个形状。从三角形的田地到三角形，从粮食的份数到数字，迈向抽象这一步的意义不可小觑。田地的面积无非有几平方千米。如果这个问题说的是三角形的田地而不是抽象的三角形，我们换个尝试 x 和 y 小于 10 000 的所有数字，或许就能解决问题了。然而，抽象的三角形和田地不同，它的面积可以轻易大到上百万甚至上亿平方千米。

公元前 5 世纪的重大革命，就是抽象的数学对象与自然中的实际物体之间的分离，即使数学对象本身就是从实际物体中抽象出来的也不例外。

数学对象与自然物体之间的分离，让一些人认为数学不适合描述自然物体。这种看法一直活跃到伽利略的时代（公元 17 世纪），直至数学物理的成就将其打消。然而直到今天，一些人的脑海里还残留着数学与人文科学毫无关系的观点。用玛丽娜·雅盖洛的话来说，数学在语言学中的作用就是"将语言学作为'人文科学'故而本质上就不精确的那一面掩藏在数学公式里"。

自这场革命之后，数学研究的对象不再是必须与实际物体相关的几何图形和数字。研究对象性质的变化，最终引发了解决数学问题的方法的革命。让我们再来比较一下美索不达米亚泥板上的问题和毕达哥拉斯学派的问题各自的解决方法吧：第一个问题是通过计算解决的——做一个简单的除法就行了，而要解决第二个问题，就需要进行推理了。

　　要做除法，我们在小学里学过的算法就够用了，美索不达米亚人也会做类似的计算。然而，要进行毕达哥拉斯学派的推理，没有任何算法会教你把数对分成四组。毕达哥拉斯学派应该是发挥了想象力才得到了这个思路。也许有一个门徒明白了数字 y 不能是奇数；过了几个星期或者几个月，另一个门徒又取得了一些进展，发现 x 也不能是奇数；然后，几个月甚至几年都卡在这里，直到又有一个门徒有了新想法。美索不达米亚人在做除法时，他知道自己会得到什么样的结果，甚至事先预知这个除法要算多久。反过来，当毕达哥拉斯学派的门徒面对算术问题时，他不可能知道要花多少时间才能找到一种能够解决问题的推理，甚至不确信是不是有找到答案的那一天。

　　学生们有时会抱怨数学太难学——数学需要想象力，而且没有系统化的方法来解决所有问题。这种说法确有其道理。数学对于专业数学家来说就更难，有些问题要花几十年甚至几百年才能解决。面对数学问题束手无策并不稀奇，数学家们也会在难题面前"卡壳"，有时甚至要到很久之后才能找到答案。但是，如果做个除法也要"卡壳"好几个钟头，这就说不过去了——因为只要应用一个人所共知的算法就行了。

研究对象性质的变化是如何引发解决问题的方法发生变化的呢？换句话说，古希腊数学是如何完成从计算到推理的标志性转变的呢？毕达哥拉斯学派的问题为什么就不能用计算解决呢？我们再来和美索不达米亚泥板上的问题比较一次吧。泥板上的问题针对的是一个特定的物品，即装满了粮食的谷仓，谷仓的体积是已知的。而在毕达哥拉斯学派的问题中，三角形是未知的——这正是我们需要去求解的对象。这个问题说的不是某个特定的三角形，而是会涉及所有可能的三角形。而且，由于三角形的尺寸没有限制，问题会同时涉及无穷多个三角形。因此，在数学对象的性质发生变化的同时，"无穷"闯入了数学——方法的改变势在必行，要用推理来代替计算。我们在前面已经提到，如果这个问题仅涉及有限个三角形，比如所有边长小于 10 000 米的三角形，那还是可以依靠计算来尝试所有不超过 10 000 的数对。当然，手动计算起来无疑十分麻烦，但问题还是可以有条不紊地得到解决。

在公元前 5 世纪的希腊发生的这场从计算到推理的转变，被视为数学的诞生。

最初的推理规则：哲学家与数学家

那么，到底什么是推理呢？如果我们知道所有的松鼠都属于啮齿目，所有的啮齿目动物都是哺乳动物，所有的哺乳动物都是脊椎动物，所有的脊椎动物都是动物，我们就可以推导出一个结论：所有的松鼠都是动物。推理让我们得到了这个结论，这背后是一套连续的推导：所有的松鼠都是哺乳动物，因此所有松鼠都是脊椎动物，因此所有的松鼠都是动物。

这个推理简单得不能再简单了，但它的结构和数学推理在本质上并无二致。无论哪种推理，都是由一系列命题构成的，每个命题都是用先前的命题通过逻辑得出的，也就是按照"演绎推理规则"构造的。在此情况下，我们把同一个规则连用了三次：如果我们已经知道所有的 Y 都是 X，所有的 Z 都是 Y，就可以推导出所有的 Z 都是 X。

　　古希腊的哲学家为我们总结了最初的演绎规则，它可以让推理进行下去，也就是从已证的命题演绎出新的命题。例如，上述这条规则要归功于亚里士多德，他提出了一套叫作"三段论"的规则。三段论的另一种形式是"有些……是……"：如果知道所有的 Y 都是 X，有些 Z 是 Y，我们就可以演绎出有些 Z 是 X。

　　亚里士多德并不是唯一一位对演绎规则感兴趣的古代哲学家。公元前 3 世纪的斯多葛学派提出了另一套规则。例如，如果有命题"如果 A，那么 B"和命题 A，则有一条规则可以演绎出命题 B。

　　这两派总结演绎规则的尝试，正值从计算转向推理的方法论革命之后，古希腊算术和几何的蓬勃发展时期。因此我们可以想见，古希腊的数学家会使用亚里士多德或者斯多葛的逻辑来进行推理。比如，在证明一个平方数不可能是另一个平方数的两倍时，就可以用到三段论。奇怪的是，事实并非如此，尽管古希腊哲学家和数学家很显然是志同道合的。比如，在公元前 3 世纪，欧几里得写了一篇专著，综合了他那个时代的几何知识。他的专著结构完全是演绎式的，其中提到的每一件事都给出了推理证明，但欧几里得却从来没有用到过亚里士多德或斯多葛的逻辑。

有几种假设可以来解释这件事。最可能的一种假设是说，数学家没有使用亚里士多德或斯多葛的逻辑，是因为它们太粗糙了。在斯多葛的逻辑中，可以用来推理的是"如果 A，那么 B"形式的命题，其中 A 和 B 是所谓的"原子命题"，表述了一个简单事实，比如"苏格拉底必死"或者"天亮了"。于是，斯多葛逻辑的命题就是用"如果……那么……""和""或"等连词联系起来的一些原子命题。这是一种非常贫乏的语言设计，里面只有两种语法类别——原子命题和连词。它并没有考虑到原子命题，比如"苏格拉底必死"可以拆分成主词"苏格拉底"和谓词（或属性）"必死"。

亚里士多德的逻辑和斯多葛不同，它承认了"谓词"的概念。推理中出现的 X、Y、Z 表达就恰恰是谓词——松鼠、啮齿目、哺乳动物……然而，亚里士多德的逻辑中并没有"专有名词"，即指代个人或物体的名词，比如"苏格拉底"。这是因为，对于亚里士多德来说，科学并不关心苏格拉底这样的特定个人，而是仅仅关心广义的概念，比如"人""必死"……所以，人们常常用来举例的三段论——"所有人都是必死的，苏格拉底是人，所以苏格拉底是必死的"——并不会出现在亚里士多德的逻辑中。对他来说，三段论应该是："所有人都是必死的，所有哲学家都是人，所以所有哲学家都是必死的。"所以说，在亚里士多德的逻辑中，命题并不是由主词和谓词构成的，而是由两个谓词和一个泛指代词"所有"或"某些"构成的。直到中世纪末，亚里士多德的逻辑才得到拓展，加入了专有名词"苏格拉底"等单称项。然而，即使有了这样的拓展，亚里士多德的逻辑对于表达某些数学表述来说还是太粗糙了。有了单称项"4"和谓词"偶数"，我们当然可以构造命题"4是偶数"，但它却没有办法构造命题"4比5小"，因为"偶数"只作用于单个对象，而谓词"比……小"与之不同，它要作用于两个对象，即"4"和"5"，并让两者形成一个关系。同理，它也没有办法构造命题"直线 ℓ 穿过了点 A"。

我们现在明白了，为什么古希腊的数学家没有使用同时代哲学家提出的逻辑来进行新生的算术和几何推理——因为这些逻辑不够丰富，做不到。在非常长一段时期内，如何构造一套丰富的、足以支撑数学推理的逻辑这一问题似乎并没有引起多少人的兴趣。除了个别人的几次尝试之外，比如17世纪莱布尼茨所做的研究，直到19世纪末的1879年，戈特洛布·弗雷格才重新拾起了这个问题，并提出了一套逻辑。但是，一直等到阿尔弗雷德·诺思·怀特海与伯特兰·罗素在20世纪初提出类型论，并且大卫·希尔伯特在20世纪20年代提出了谓词逻辑之后，这些工作才取得了具体的成果。

不过，我们还是先继续看看古希腊的数学吧。虽然没有显式的演绎规则来构造数学推理，但这并没有让数学止步不前。直到19世纪，数学命题的语法和演绎规则只不过不那么明确而已。这种情况在科学史上屡见不鲜——在缺乏工具的时候，人们就会想方设法对付一下，而这些变通又常常为工具的出现奠定了基础。

不过对于几何而言，欧几里得明确提出了"公理"的概念：这是无需证明的事实，也是构造证明的基础。特别是著名的平行公理，用现代的形式表述是这样的：过给定直线外一点，有且仅有一条直线与之平行。

长期以来，欧几里得的专著《几何原本》一直都被视为数学方法的原型：先提出公理，然后利用显式或隐式的演绎规则，由公理证明定理。从这个角度来看，推理才是解决数学问题的唯一途径，这也反映出古希腊数学家和哲学家对于推理的重视。

古希腊数学家利用公理化方法发现了一种新的数学。也许，他们还曾试图理解这种新的数学是如何从美索不达米亚人和古埃及人更古老数学的发展而来的。如果古希腊人真的这样做了，他们就应该会去思考如何将计算和推理融合起来。然而这并不是他们的目的——相反，他们将过去一抹而净，完全抛弃了计算，而代之以推理。

正因如此，在古希腊之后，计算在数学大厦之中就难有立锥之地了。

第 2 章

计算两千年

公理化方法确立之后，人们常常把推理视为解决数学问题的唯一工具。数学家们在自己学科的论述中，几乎不给计算留什么空间。然而，计算却并没有从数学工作中消失——无论在哪个时代，数学家都提出了一些新算法来系统地解决某些类型的问题。数学史有它光彩照人的一面——猜想、定理和证明，也有躲在幕后的一面——计算。

在这一章里，我们将看到数学史中三个重要的时刻。这三个重要时刻分属于不同的时代，启发我们讨论不同的问题。

首先，我们将反思如何解决数学论证与数学实践的明显矛盾——前者几乎没有给计算立足之地，而后者却非常依赖计算。这一矛盾还让我们思考从史前数学到希腊数学的转变是如何发生的。接下来，我们会讨论中世纪数学如何传承了美索不达米亚和古希腊的数学遗产。最后，我们要想一想，为什么古代的几何都是围绕着少数几种几何形状，如三角形、圆、抛物线……而大量的新几何形状——悬链线、旋轮线等都是直到 17 世纪才出现。

欧几里得算法：基于推理的计算

虽然欧几里得的名字与几何和公理化方法紧紧地联系在了一起，但颇为讽刺的是，他的名字也出现在一个用于计算两个自然数的最大公约数的算法——欧几里得算法[①]中。

最初的一种计算两个数的最大公约数的方法，就是挨个用比它们小的数来试除，然后找到那些"正好除尽"的数字，从而确定每个数的约数。比如，要计算 90 和 21 的最大公约数，我们可以先求出 90 的约数（1、2、3、5、6、9、10、15、18、30、45 和 90）和 21 的约数（1、3、7 和 21），然后只要找到两个列表中同时出现的最大数字，即 3。想要回答诸如"90 和 21 的最大公约数是不是等于 3?"或者"90 和 21 的最大公约数是多少?"的问题，我们根本用不着

[①] 即辗转相除法。——译者注

推理，只需应用上述这个虽然烦琐却条理清晰的算法就行了，它基本上就是把最大公约数的定义简单阐释了一遍。

欧几里得算法可以让我们用不那么烦琐的方式计算两个数的公约数。它的思路是这样的：要计算两个数 a 和 b（比如 90 和 21）的最大公约数，我们可以用较小的数 b 去除较大的数 a。如果"正好除尽"，得到的商是 q，那么 a 就等于 $b \times q$。这时，b 就是 a 的约数，也是 a 和 b 公约数，并且它是最大的，因为对 b 来说，没有比 b 本身更大的约数了。所以 b 就是 a 和 b 的最大公约数。反过来，如果除法"没有除尽"，留下了余数 r，那么 a 就等于 $b \times q + r$。在这种情况下，a 和 b 的公约数也是 b 和 r 的公约数。所以，我们可以用 b 和 r 来代替 a 和 b，它们的最大公约数是一样的。欧几里得算法会反复进行这个计算，直到得到两个做除法时能够"正好除尽"的数，而我们要找的最大公约数就是这两个数中比较小的那一个。如果用欧几里得算法计算 90 和 21 的最大公约数的话，我们会把数对 $(90, 21)$ 换成 $(21, 6)$，再换成 $(6, 3)$。由于 6 是 3 的倍数，3 就是我们要的结果。

对于 90 和 21 这两个数来说，欧几里得算法会在进行 3 次除法之后得到结果。更一般来说，无论开始的数字是什么，都可以在有限次计算后得到结果。事实上，在把 a 换成 r 的时候，计算最大公约数的数对越来越小，而递减的自然数数列必然是有限的。

这个例子说明，欧几里得等古希腊人并没有把计算弃置一旁，反而创造出了新的算法。这也展示了推理和计算如何在数学实践中融合起来。和第一个计算最大公约数的算法不同，欧几里得算法的构造要求我们证明几个定理：首先，如果 a 能被 b 除尽，那么 a 和 b 的最大公约数就是 b；其次，如果 r 是 a 除以 b 的余数，那么 a 和 b 的公约数也是 b 和 r 的公约数；再次，除法的余数总是比除数小；最后，递减的自然数数列是有限的。这些结果都建立在推理之上，就像毕达哥拉斯学派证明一个平方数不可能是另一个平方数的两倍一样。

第一个算法的设计不需要推理，但这是个特殊情况。一般来说，仅仅把定义解释一遍是不够的，想要设计出欧几里得算法这样的计算方法需要推理才能完成。

泰勒斯的定理：数学的发明

算法的设计可能需要推理。回过头来看，这个事实就给美索不达米亚和古埃及的数学带来一个问题：就拿美索不达米亚人来说吧，他们是怎么不靠推理就琢磨出了除法的算法的呢？或许，美索不达米亚人和古埃及人可能有某种暗含的推理方式。和希腊人不同，他们并没有明确地采取推理活动，比方说把推理过程写在泥板上。他们多半并没有意识到推理对于解决抽象数学问题的重要性，但这却并没有影响他们进行推理，就像莫里哀笔下的茹尔丹先生一样，说话如同散文一般却不自知①。

人们常常强调在设计算法时进行推理的必要性。正因如此，美索不达米亚人和古埃及人虽然没有明确的推理记载，人们却仍然猜测他们进行了推理。然而很少有人指出，正是在这种必要性的启发下，古希腊数学产生了奇迹——从计算到推理的转变。确实，我们可以假设，正是在为设计新算法而进行推理时，古希腊人认识到了推理的重要性。

---

① 茹尔丹先生是莫里哀剧作《贵人迷》的主人公，他努力想提高修养，跻身贵族，却闹出许多笑话。——译者注

　　例如，我们常把"第一个"几何推理归功于泰勒斯。金字塔太高，高度无法直接测量。为了测量它的高度，泰勒斯想到了一个办法：他测量了金字塔在地上的投影长度，再单独测量了一根小木棒的高度和影长，然后应用比例法则。

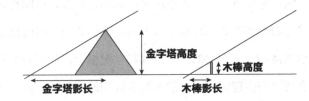

　　看起来，泰勒斯的目标是设计一个新算法来计算线段的长度。在构造算法时，他需要证明金字塔和它的投影的比例与木棒及其投影的比例相同。这个定理由此拥有了它内在的价值，也就是我们今天所说的"平行线分线段成比例定理"[①]。

[①] 本定理亦称"截线定理"。在法语中称为"泰勒斯定理"(Théorème de Thalès)，但汉语和英语中的"泰勒斯定理"常指另一条定理，即直径所对圆周角为直角。——译者注

论证与实践

第 2 章 计算两千年

欧几里得算法的存在还提出了另一个问题，就是数学论证与数学实践的明显矛盾——前者几乎没有给计算立足之地，而后者则非常依赖计算。古希腊人和后来者是怎么一边声称只有推理重要，一边又构造了这些算法的呢？

我们再来看看这个算法是怎么计算 90 和 21 的最大公约数的。一种说法是，我们就是按照算法的说明，"盲目地"把数对 $(90, 21)$ 换成了 $(21, 6)$，又换成了 $(6, 3)$，最后得到了 3，这时发现它确实求出了这两个数的最大公约数。换一种说法，我们要说明把数对 $(90, 21)$ 换成 $(21, 6)$ 是有道理的，证明 90 和 21 的最大公约数等于 21 和 6 的最大公约数。这只需要用到前面说到的一个定理就行了：数 a 与数 b 的最大公约数和 b 与 r 的最大公约数相等，其中 r 是 a 除以 b 的余数。如果用后面这种表述方法，我们就可以完全不提欧几里得算法的事，而只是利用了前面的两个定理，就证明了 90 和 21 的最大公约数是 3。

更具体来说，除了得到结果等于 3 之外，欧几里得算法还构造了一套推理，可以证明 90 和 21 的最大公约数是

3。一旦这个推理完成之后，它是怎么来的就不重要了——只要存在就行了。假如古希腊人及后来者确实认为计算只是构造推理的工具，而且构造"工具"应该隐藏在构造"成果"的背后，那么古希腊数学的矛盾——在数学实践中使用计算，却在数学论证中几乎绝口不提计算——似乎也是情有可原的。

进位制

现在来看看数学史上的第二个时刻吧。我们平常总觉得，如何表示数学对象以及日常生活中的物体，只是个细枝末节的问题。把狮子叫作"狮子"或者把老虎叫作"老虎"并没有什么特别的道理。我们也完全可以另选两个词，只要保证使用完全相同的用法，换个名字也还是一回事。语言学家把这种现象称为符号的"任意性"。同样，我们也完全可以给数字"三"换个词，或者给"3"换个书写符号，也不会有什么大的不同。其他语言本来就用别的词表示数字，比如德语中的"drei"或英语中的"three"，德国人和英国人的数学和我们的数学仍然是一样的。

要是让符号的"任意性"更进一步，我们可能会觉得把数字三十一写成"三十一""IIIIIIIIIIIIIIIIIIIIIIIIIIIIIII-III""XXXI""3X 1I"还是"31"都没什么区别。然而并不完全是这么回事。

首先，为什么我们觉得需要一种特殊的语言来写数字呢？在科学和其他领域，我们要给用到的对象起名字，但一般来说，这并不需要发明一种特殊的语言。比如，人们给每个化学元素都发明了一个名字：氢、氦……但这还是中文啊。然而化学元素虽多，毕竟是有限的。同样的道理，人们也给每个小的数字都起了一个特殊的名字："一""二""三"……以及一个特殊的符号："1""2""3"……然而数字和化学元素不同，它可是无穷无尽的：给每个数字都起个名字是不可能的，因为一门语言中的符号和单词是有限的。

由此诞生了一种思想：把有限的不同符号组合成无限个符号，用来表示数字。也就是说，不是创造一组词汇，而是发明一套语法——这就是一门语言了。虽然词汇是任意的，但语法的随意性就小得多了，而且对于推理和计算而言，数字语言的某些语法就比别的语法更为实用。在"三十一""IIIIIIIIIIIIIIIIIIIIIIIIIIIIIII""XXXI""3X 1I"和"31"中间，最后一个表示法是最好的：数字"3"表示的是十的个数，而这是通过位置体现出来的。这样，如果把一个数字写在另一个数字下方，个位就对齐个位，十位对齐十位……这样做加减法就会很方便。尤其是做乘法的算法变得简单了——要把数字乘以 10，只要在后面加个 0，也就是把数字向左移一格就可以了。

这种进位制来自于美索不达米亚，其雏形在公元前 2000 年就开始使用了。不过，美索不达米亚人用的体系太复杂，后来印度数学家把它简化了。随后在 9 世纪时，印度体系通过一本叫作《代数学》的书传到了阿拉伯世界。该书的作者是阿尔-花拉子米（al-Khwārizmī），这就是"算法"（algorithm）一词的由来。中世纪的数学家花了几个世纪来完善进位制带来的算法。这套体系在 12 世纪传到了欧洲。

中世纪的欧洲数学家由此继承了双重的遗产：一面是来自希腊，而另一面又通过进位制吸取了美索不达米亚的数学思想，而后者至少与前者同等重要。

公理化方法的发现并没有扼杀计算。相反，通过继承美索不达米亚的数学遗产，计算的问题一直存在，并成为了中世纪数学家眼中的重要课题。

微积分

在看过了欧几里得算法和四则运算之后，我们现在来看看数学史上的第三个时刻：微积分。微积分是 17 世纪由卡瓦列里、牛顿、莱布尼茨等人共同建立起来的。然而它的根源却可以追溯到古代阿基米德的两个发现：一个是圆的面积，另一个是抛物线弓形的面积。

如今，大家都知道圆的面积等于半径的平方再乘以 3.1415926…。阿基米德还没有得出这一步，但他已经证明圆的面积落在半径的平方的 $3 + \frac{10}{71} = 3.140…$ 倍和 $3 + \frac{10}{70} = 3.142…$ 倍之间。换句话说，他已经得出了数字 π 的两位小数。对于抛物线弓形的面积，阿基米德则得出了一个精确解：抛物线弓形的面积等于内接三角形面积的 $\frac{4}{3}$ 倍。

为了得到这一结果，阿基米德把抛物线弓形分成了无数个小三角形，然后把它们的面积加起来。

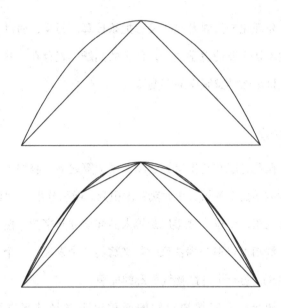

　　设抛物线内接三角形的面积为单位一，那么根据定义，第一个三角形的面积自然是 1。我们可以证明它两侧的两个三角形的总面积是 $\frac{1}{4}$，再外侧的四个小三角形的总面积是 $\frac{1}{16}$……每组三角形的面积都是前一组三角形的 $\frac{1}{4}$。于是抛物线弓形的面积就是所有这些三角形的面积总和：$1 + \frac{1}{4} + \left(\frac{1}{4}\right)^2 + \left(\frac{1}{4}\right)^3 + \cdots$，这个无穷数列的和是有限的：$\frac{4}{3}$。阿基米德可能对给无穷多个数求和还心存疑虑，他就考虑了有限和 1、$1 + \frac{1}{4}$、$1 + \frac{1}{4} + \left(\frac{1}{4}\right)^2$……也就是抛物线内接多边形的面积，它总是比抛物线弓形本身的面积小。他证明了抛物线弓形的面积不可能小于 $\frac{4}{3}$，否则就会小于某个内接多边形了，而这是不可能的。阿基米德还利用外接多边形进行了另一套论证，证明了抛物线弓形的面积不会超过 $\frac{4}{3}$。如果面积既不能大于 $\frac{4}{3}$ 也不能小于 $\frac{4}{3}$，那它就只能等于 $\frac{4}{3}$ 了。

　　到了 16 世纪，佛兰德斯数学家西蒙·斯蒂文和法国数学家弗朗索瓦·韦达等数学家开始计算无穷数列求和，那么在推理上就不用兜这么大圈子了。然而，阿基米德的推理就算简化了一点，要证明每组三角形的面积都是前一组面积的 $\frac{1}{4}$ 也是要大费周章的。所以，直到 17 世纪，计算几何图形的面积都是件让人伤脑筋的事。

　　到了 17 世纪，在勒内·笛卡儿发明了坐标表示法之后，人们就顺理成章地用方程来表示曲线了。比如，后面图中的抛物线就可以用方程 $y = 1 - x^2$ 来表示。

　　有了方程，我们就可以想想如何计算抛物线弓形的面积，即曲线与横轴之间部分，而不用把它分解成一堆三角形了。17 世纪数学家们的一大发现，恰恰就是计算曲线围

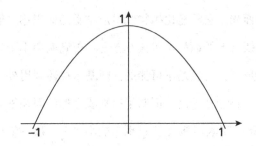

绕的图形面积的方法——只要曲线可以用方程来表示，并且这个方程足够简单。

第一步，找出曲线围成的面积与另一个概念——导数之间的联系。

让我们来考虑一个函数，比如说变量为 x，值为 $x - \dfrac{x^3}{3}$ 的函数。这个函数在 $x+h$ 处的值是 $(x+h) - \dfrac{(x+h)^3}{3}$。简单的代数推理就可以证明，该函数在 $x+h$ 处与在 x 处的值之差是 $h - x^2 h - xh^2 - \dfrac{h^3}{3}$。于是这个函数在 x 和 $x+h$ 之间部分的"增长率"就是这个差值除以 h，结果是 $1 - x^2 - xh - \dfrac{h^2}{3}$。

这个函数在点 x 上的瞬时增长率，也就是在 x 处的"导数"，就是上面这个增长率在 h 趋于 0 时的结果：最后两项消失了，只留下了 $1 - x^2$。

不过，如果只是为了求函数 $x - \dfrac{x^3}{3}$ 的导数，就用不到上面这些推理过程了。实际上，我们可以证明两个函数之和的导数就是其导数之和。我们只需要求出 x 的导数，再求出 $-\frac{x^3}{3}$ 的导数，然后加起来就好了。接下来，我们还可以证明函数乘上一个常数之后，其导数也要乘上这个值，所以只需要知道 x^3 的导数再乘上 $-\frac{1}{3}$。最后，为了求出 x 和 x^3 的导数，只需要知道 x^n 的导数是 nx^{n-1}。那么 $x - \frac{x^3}{3}$ 的导数就是 $1 - x^2$。

求 $x - \frac{x^3}{3}$ 的这两种方法有什么区别呢？对于第一种方法，我们需要进行一个小小的推理，虽然很简单，但也需要动动脑筋。而第二种方法只需应用规则，就可以按部就班地求出导数了：

- 和的导数等于导数之和；

- 常数倍的导数等于导数的常数倍；

- x^n 的导数是 nx^{n-1}。

一旦证明了这三条规则的正确性，求函数的导数就是一个简单的计算了。这个求导数的方法不是用于数字，而是用于函数表达式。而且，并不是所有的函数表达式都适用，而只适用于能够通过 x 和常数的加法和乘法得出的函数——多项式。更为普适的算法可以处理更丰富的数学语言，比如指数函数、对数函数和三角函数等，不过本质上并没有什么不同。

x 的函数 $1-x^2$ 是函数 $x-\dfrac{x^3}{3}$ 的导数。反过来，我们说函数 $x-\dfrac{x^3}{3}$ 是 $1-x^2$ 的一个"原函数"。我们可以证明这个函数有好多个原函数，都是在这个原函数上加一个常数得到的。

再回过头来看看求导的规则，构造出一套求原函数的规则也不难：

- 和的原函数等于原函数之和；
- 常数倍的原函数等于原函数的常数倍；
- x^n 的原函数是 $x^{n+1}/(n+1)$。

一步步应用这个算法，我们就可以求出 $1-x^2$ 的一个原函数：$x-\dfrac{x^3}{3}$。

让我们回到求面积的问题上。微积分的基本定理把面积和原函数的概念联系了起来。如果设 $F(x)$ 是横坐标为 x 的竖线左侧的抛物线部分的面积，由于函数 $1-x^2$ 是连续的，不难证明函数 F 的导数就恰好是 $1-x^2$。

换句话说，函数 F 是 $1-x^2$ 的一个原函数：它是 $x-\dfrac{x^3}{3}$ 加上一个常数。由于在 $x=-1$ 时 F 的值是 0，这个常数值

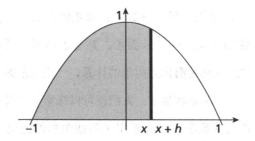

就只能是 $\frac{2}{3}$，那么 F 就是 $x - \frac{x^3}{3} + \frac{2}{3}$。抛物线形的面积就是

这个函数在 1 处的值，即 $\frac{4}{3}$。我们得到了和阿基米德一样

的结果，不过用的方法却不是把抛物线弓形拆成小三角。

如果想求曲线 $y = 1 - x^2$ 围成的抛物线弓形的面积，就用不

着构造一套复杂的推理来求拆分出来的这些小三角的面积

了——只要用前面说的方法求出 $1 - x^2$ 的原函数，然后调

整常数，满足 -1 处的值是 0，再取 1 处的值就可以了。

　　与求导算法一样，这个算法也只能用于多项式。更普

适的算法确实可以处理更复杂的数学语言，不过推广起来

不像求导算法那么方便。在三个多世纪的时间里，求原函

数的过程一直混杂着算法与技巧，并需要一定的熟练度，

一会儿偏计算，一会儿偏推理。直到 20 世纪开发了形式计

算程序，积分算法理论才形成体系。我们后面还会讲到它。

回到 17 世纪，随着导数和原函数概念的出现，以及相应算法的建立，许多求面积，甚至求体积、长度、重心……的问题都被简化为简单的计算。一类问题的解法系统化了，求解起来容易了，人们就可以探索更广阔的数学世界。古代的数学家已经求出了某些图形的面积，而 17 世纪的数学家走得要远得多。要求出某些复杂曲线，比如 $y = 2 - x^2 - x^8$ 在 –1 和 1 之间围成的面积，古代数学家会头疼不已，然而对于 17 世纪的数学家来说就是小菜一碟：只要计算 $2 - x^2 - x^8$ 的一个在 –1 处等于 0 的原函数（$2x - \dfrac{x^3}{3} - \dfrac{x^9}{9} + \dfrac{14}{9}$），再取原函数在 1 处的值，就得到了结果：$\dfrac{28}{9}$。这些算法工具让我们能够对付那些在"赤手空拳"时看似难比登天的问题。没有这些工具时无法研究的一些新几何图形也在 17 世纪出现了。

算法方法融入了几何学这一公理化方法的"圣殿"，在这一数学分支的名称中留下了深刻的印记：我们谈到它的时候不会说"积分理论"，而是说"微积分"。在英语里，"calculus"一词就专指这一数学分支，而另一个词"computation"指的则是一般的计算。

第二篇
古典时代

第3章

谓词逻辑

在前面两章中，我仅仅谈到了数学史上几个重要时刻，为的是说明计算问题在数学实践中的悠久渊源。我当然可以讲得更详细，说说帕斯卡三角形、高斯消去法、概率的计算……但我还是把这个艰巨的任务留给历史学家吧。现在，让我来谈谈本书的核心内容——20世纪计算的演变。

在20世纪，计算和推理的概念竞相发展。在谈计算的历史之前，我先来小小地跑题一下，看看推理的情况。我在前面讲到了亚里士多德与斯多葛的逻辑，但这两种逻辑都不足以表达数学推理，因为它们的命题语法都太过粗糙。虽然有莱布尼茨等人做出几次勇敢的尝试，直到19世纪末，寻找适合数学命题的语法以及推理规则的问题才有了一些进展。这次复兴的主要引领者是戈特洛布·弗雷格，而他的动机却完全出于哲学——他最初是为了阐释伊曼努尔·康德的一个哲学观点并对其加以驳斥。

先天综合判断

"三角形有三个角"和"地球有一个卫星",这两个命题都为真,但原因却不同。三角形有三个角来自"三角形"这个词的定义。相反,"地球"这个词的定义可从来没有规定地球有一个卫星。换句话说,我们无法想象三角形会有四个角或五个角,然而,我们完全可以想象地球像水星或金星一样没有卫星。一个命题按照定义就必然为真的判断,就是康德所谓的"分析判断"。相反,若一个命题为真,却不是由于定义,则称之为"综合判断"。所以,命题"三角形有三个角"为真是分析判断,而"地球有一个卫星"为真则是综合判断。

康德还提出了另外一种区别,即先天判断和后天判断的分别。① 如果仅仅需要我们的大脑即可做出判断,那它就是先天的;如果需要和自然进行互动才能做出判断,那它就是后天的。比如,确证三角形有三个角只需要想一下就可以了:判断完全在我们的头脑中进行。反之,就算绞

---

① *a priori* 和 *a posteriori* 亦有译法作"先验"和"后验"。此处据邓晓芒译《纯粹理性批判》译作"先天",借此和另一"先验"(transzendental)概念相区别。——译者注

尽脑汁，我们也很难确信地球有一个卫星——必须早晚都得抬头看看天上，才能确认。

这些例子可能让我们误以为这两种划分方法是重合的：分析判断总是先天的，而综合判断总是后天的。并不是这么回事。有些判断是综合而先天的：我们并不总是需要试验才能了解自然。最著名的先天综合判断就是"我存在"：自然在我之前已经存在了很久了，在我身后也将存在很久，即使我从未出现过也会存在。我们不能说我是根据定义而存在的，因此对"我存在"的判断是综合的。然而，和自问袋鼠是否存在时不同，我根本用不着跑去观察这种澳洲动物才能让自己确信我是存在的，因为我思，所以我在。时间的存在也是一个先天综合判断。时间并不是按照定义就存在的，也不需要有什么东西移动或变化。然而，我们并不需要观察身外之物才能知道时间的存在。我们的意识随时间变化，这就足以让我们意识到时间的存在了。

按照弗雷格的说法，到此出现了一个问题：对康德来说，所有数学判断都属于先天综合判断。数学判断是先天的，这一点相对明确。做证明的时候，就像毕达哥拉斯学派为了证实一个平方数不可能是另一个平方数两倍，或证明三角形内角和总是180°的时候，我们用不到显微镜或望远镜，也不需要看自己身外的东西。然而康德认为，对"三角形有三个角"这个命题的判断，与对"三角形内角和是180°"这个命题的判断，两者性质不同。三角形有三个角是从三角形这个概念的定义得出的，而内角和是180°则不然。因此第一个判断是分析的，而第二个判断不是——那么它只能是综合的。因此，第二个判断是先天综合判断。同理，康德认为"2 + 2 = 4"也不源于2或者4的定义，这也是一个先天综合判断。

从数的概念到概念和命题

和康德的想法不同，弗雷格的目的在于证明"2 + 2 = 4"是自然数的定义所暗含的，因为尽管定义中并没有明确地说明这一点，却可以通过推理演绎出来。弗雷格由此提出，推理的作用在于把数学概念的定义中隐藏的东西明确地展现出来。当然，这些概念的性质隐藏在定义中，即使是提出定义的人也并不了解。他们自己的定义，就像他们的行为一样，其结果可能是他们未曾预料的，却必然是由他们引发的。

要维护这一论点，弗雷格就得给出一个自然数的定义，明确演绎规则，并展示如何从这个定义出发，能够通过推理证明类似于"2 + 2 = 4"这样的命题是正确的。

更普遍来说，在柏拉图等人之后，笛卡儿以及后来的康德都对自行产生有关自然的知识的思维能力十分看重。人们不禁要问，思维获得这些知识的机制，特别是推理的规则是怎样的呢？然而出乎意料的是，柏拉图、笛卡儿和康德自己却对此鲜有提及。

费雷格是从哲学视角出发，但他的工作却和理查德·戴德金或朱塞佩·皮亚诺等数学家不谋而合。这二人在19世纪末也在寻觅自然数的定义。确实，对"点"和"直线"的最初定义可以追溯到欧几里得，而在19世纪末之前，却没有任何自然数的定义或是算术的公理出现。或许人们已经知道了2 + 2等于4的运算法则，所以找出个公理来证明它就显得不那么急切了。虽然自从毕达哥拉斯开始，我们就知道需要进行推理才能做算术，但直到19世纪末，推理在算术中占据的地位一直不像在几何中那样重要。

为了给自然数下定义，弗雷格受到了大卫·休谟在一个多世纪之前草创的一个观点的启发，提出把自然数定义为集合的集合，比如数字 3 就是所有三个元素的集合构成的集合：{{ 波尔多斯, 阿多斯, 阿拉密斯 }①,{ 奥尔加, 玛莎, 伊琳娜 }②,{ 猪大哥, 猪二哥, 猪小弟 }…}。所以要定义自然数，就先要定义集合的概念。

对弗雷格来说，"集合"与"概念"完全可以混为一谈："玫瑰"的集合和"是玫瑰"的概念没有什么区别，而概念是通过命题来定义的。弗雷格由此又重新打开了一个问题，一个自古代之后就多少被搁置了的问题——澄清数学命题的语法和演绎规则。

弗雷格的逻辑

弗雷格把斯多葛的一些概念又拿了出来：最突出的是在弗雷格的逻辑中，命题是由原子命题组成的，并通过"和""或""不是""如果……那么……"等连词组合起来。不过，和斯多葛不同，弗雷格像中世纪的逻辑学家一样把原子命题进一步拆分了。不过他不是拆成两个部分——主语和谓语，其中谓语作用于主语，而是拆成一个"关系谓

---

① 源自大仲马小说《三剑客》。——译者注
② 源自契诃夫剧本《三姐妹》。——译者注

词"，它把包括主语在内的若干补语联系起来。对于原子命题"4 小于 5"，斯多葛学派把它看成是不可拆分的元素，中世纪的逻辑学家把它拆成谓语"小于 5"和主语"4"，而弗雷格则拆出关系谓词"小于"，把两个补语"4"和"5"联系起来。

和亚里士多德的逻辑一样，弗雷格在 1879 年提出的逻辑也可以表达一个事实：谓词不是作用于某个特定物体，而是作用于所有物体，或是一些非特指的物体。传统语法，比如亚里士多德的逻辑，是把主语或补语换成非特指代词"所有人"或"某些人"。于是，命题"所有人都是必死的"和命题"苏格拉底是必死的"是用同一种方式构造出来的，只是把"苏格拉底"换成了代词"所有人"。这是自然语言不精确的原因之一，因为假如加上一个关系谓词的话，命题"所有人都爱某个人"，可以表示有一个人是人见人爱，也可以表示所有人都有意中人，却并不一定爱的是同一个人。在自然语言中，如果上下文还不足以消除语义的模糊，我们会加上限定词来绕过这些陷阱。然而为了澄清演绎规则，我们就必须给语义不同的命题规定不同的形式。

为此，戈特洛布·弗雷格和查尔斯·桑德斯·皮尔士使用了16世纪韦达等代数学家的一个发明：变量的概念。关系谓词"小于"不是作用于"4""5"等名词或非特指代词，而是首先作用于变量 x 和 y，这就得到了命题"x 小于 y"。然后，我们用"任取 x"或"存在 x"等短语来说明这些变量是全称性的还是存在性的，这些短语称为"量词"。由此，亚里士多德逻辑中的命题"所有人都是必死的"在弗雷格的逻辑中就分解成"任取 x，若 x 是一个人，则 x 是必死的"。而"所有人都爱某个人"就可以解释成"任取 x，均存在 y 使得 x 爱 y"或"存在 y，使得任取 x，均有 x 爱 y"。

命题中量词的顺序消除了如"所有人都爱某个人"或"所有数都比某个数小"等句子中的含义模糊之处。因此，命题"任取 x，均存在 y 使得 x 小于 y"说的是对于任意数，都有一个数比它大，这是真命题；而命题"存在一个数 y，使得任取 x，x 均小于 y"则意味着有一个数比所有其他数都大，所以是伪命题。

一旦关系谓词符号、变量以及"任取"和"存在"等量词丰富了命题的语法，要表述演绎规则就不难了。比如斯多葛学派知道的一条演绎规则：可以从命题"如果 A 那么 B"和命题 A 来演绎出命题 B。而另一条则可以从命题"A 和 B"演绎出命题 A。最有意思的演绎规则是涉及量词的：比如有一条规则可以从"任取 x，则 A"演绎出将变量 x 替换为某种表达式的命题 A。这样一来，就可以利用这最后一条规则从命题"任取 x，若 x 是一个人，则 x 是必死的"，演绎出"若苏格拉底是一个人，则苏格拉底是必死的"。既然我们知道"苏格拉底是一个人"，就可以利用第一条规则，得出"苏格拉底是必死的"。

所以，利用弗雷格的逻辑，我们就可以定义自然数的概念，然后再定义数 2 和 4，再定义加法，从而证明命题 $2 + 2 = 4$。这就说明，该命题成立是从自然数和加法的定义得出的，所以该命题为真的判断实际上是分析判断，而不是如康德所说是综合判断。

数学的普世性

通过这个逻辑，弗雷格可谓完成了一箭双雕的壮举：一来，他成功地综合了亚里士多德和斯多葛的逻辑，并提出了比古人表达能力更强的逻辑；二来，他从集合的

概念推导出了数的概念，给出了自然数的定义，并证明了
$2 + 2 = 4$。

　　在自然数上发生的事情也同样适用于许多其他的数学
概念：利用弗雷格的逻辑，我们几乎可以定义任何想要的
概念，并证明几乎所有已知的定理。所以弗雷格的逻辑有
两面。一方面，它仅仅制定了演绎规则和一些涉及笼统概
念的公理，比如"集合"和"概念"的概念。从这个角度
来说，它符合亚里士多德和斯多葛逻辑的传统。我们可以
这样定义形容词"符合逻辑的"：如果某个推理可以用弗
雷格的逻辑表述出来，就可以说它"符合逻辑"。另一方
面，弗雷格的逻辑可以表述所有的数学推理，因此它符合
欧氏几何的传统。我们可以这样定义形容词"数学的"：如
果某个推理可以用弗雷格的逻辑表述出来，就可以说它是
"数学"推理。因此，从弗雷格的逻辑来看，形容词"符合
逻辑的"与"数学的"是同义词。"数学"推理并没有什
么特殊之处——所有的"逻辑"推理都可称得上是"数学"
推理。从此以后，我们再也没有理由用数学研究的对象，
比如数字、几何图形……来定义数学了；我们完全可以用
描述这些对象的方式，也就是逻辑证明来定义数学。数字

和几何图形等曾一度为数学所独有，如今这种独特性消失了，数学突然变得普世了。

20世纪初，伯特兰·罗素进一步强调了弗雷格的发现的重要性——数学是普世的。那些认为数学与人文科学毫无关系的人应当谨记这一点。比如，如果说数学不是一种适合研究人类行为的工具，那就意味着逻辑和推理不适合研究人类行为，而这就否认了人文科学本身的存在。当然，人们还是可以维护这种观点，但是大家应当意识到，自弗雷格和罗素之后，这种观点已经远远超出"数字和几何图形不适合研究人类行为"这样寻常的想法了。

谓词逻辑与集合论

尽管如此，弗雷格的逻辑仍然不完美，在其优点背后也发现了一些缺陷。在这个逻辑中，有可能同时证明一件事和它的对立面。无论在数学上还是在日常生活中，这样的矛盾都是出错的信号。弗雷格的逻辑中的第一个悖论是1897年由意大利数学家布拉利-福尔蒂发现的。后来，罗素在1902年简化了这个悖论，并让它变得通俗易懂。在弗雷格的逻辑中，某些集合是它自身的元素，比如所有集合构成的集合。那么，我们就可以构造一个集合 R，它包含所有不是自身元素的集合。接下来就可以证明，集合 R 既不是自身的元素，又是自身的元素。因此，这就说明弗雷格的逻辑并不完善，需要改进。

罗素首先在 1903 年为弗雷格的逻辑提出了一个修正方案——类型论。他和怀特海在接下来的几年中发展了这一理论。罗素和怀特海的"类型论"按照类型给对象分类：非集合对象（原子）是 0 型，0 型对象的集合（原子的集合）是 1 型，1 型对象的集合（原子集合的集合）是 2 型……而命题"x 是 y 的一个元素"只有在 y 的类型是 x 的类型加 1 时才能成立。因此，包含所有集合的集合是不存在的，因为原子的集合不能和原子的集合的集合混在一起。由不是自身元素的集合构成的集合也就不存在了，那么罗素的悖论就不存在了。

弗雷格逻辑的另一个问题，一个也存在于罗素和怀特海逻辑中的问题，在于它把逻辑的概念与集合论的概念混为一谈。一条演绎规则，比如说从命题"如果 A 那么 B"和命题 A 可以演绎出命题 B，可以用在很多不同的思想领域。相反，公理"过不同的两点有且仅有一条直线"就只在几何里面有用，因为它明确提到了点和直线。同样的道理，公理"如果 A 和 B 是两个集合，则存在一个由 A 和 B 共有元素构成的集合"仅在集合论里面有用。

传统上，我们会把这种不管对什么推理对象都成立的演绎规则，与针对某一特定理论的公理区分开来。演绎规则与推理对象无关，这一性质有一个专门的术语：逻辑的本体论中立性。弗雷格的逻辑以及后来罗素的逻辑都有一个缺陷，就是演绎规则都是属于"概念"或"集合"的概念。虽然在弗雷格的时代看来，"集合"或"概念"的概念非常笼统，但在罗素悖论之后，它就变得和其他概念没有什么两样了，特别是它也同样需要自己的公理。在 20 世纪 20 年代，大卫·希尔伯特进一步简化了罗素的类型论：他去掉了所有专门针对集合概念的东西，构建出了"谓词逻辑"。这个逻辑框架一直沿用到了今天。自此之后，德国数学家恩斯特·策梅洛在 1908 年提出了专门针对集合概念的公理，形成了自己的一套理论，也就是"集合论"。

谓词逻辑和集合论之间的分离，削弱了罗素关于数学的普世性和非特殊性的论断。到头来，看起来谓词逻辑才是普世的，但为了在谓词逻辑中研究数学，还需要加上集合论的公理。那么，我们应该可以设计一种非数学的逻辑推理，它属于谓词逻辑，却使用和集合论不同的公理。

然而事实不完全是这么回事。1930 年，库尔特·哥德尔证明的一条定理（但不是著名的"哥德尔定理"）指出：不管什么理论都可以转化为集合论。例如欧氏几何，它先天地采用了不同于集合论的一套公理，但也可以转化为集合论。这条定理又让罗素的论断恢复了普世性，而集合论本身也具备了本体论中立性。

公理问题

除了让罗素的论断摇摇欲坠之外，谓词逻辑与集合论的分离还惹出了一个大麻烦：弗雷格通过纯逻辑概念定义自然数，并从这个定义证明命题 $2 + 2 = 4$ 的一整套工作都有了危险。在谓词逻辑中，没有公理，就没办法通过定义自然数来证明这个命题。不过反过来，只要我们允许自己设置公理，比如集合论的公理，那就可以加以证明。在弗雷格的同时代，皮亚诺提出了一套比集合论更简单的公理，同样可以证明命题 $2 + 2 = 4$，并且还可以更广泛地证明我们知道的所有关于自然数的定理——这就是算术公理。

　　一个数学判断究竟是分析的还是综合的，这个问题也转移到了公理的概念上。如果对一个命题是否成立的判断是基于证明的话，我们可以说这个判断是分析的。但要是这个证明要用到公理呢？那对公理本身成立的这个判断，是分析的，还是综合的呢？关于公理的一个古老问题又以更学术的面貌重新浮现出来：我们到底为什么要接受公理呢？既然人们一直都坚持什么都要数学证明，那我们怎么能不加证明地接受如"过不同的两点有且仅有一条直线"这样的公理呢？

　　在 20 世纪初，法国数学巨匠亨利·庞加莱为这个问题找到了一个解答，我来讲个故事帮助大家理解吧。在一次前往南太平洋的新赫布里底群岛的航行中，一位探险家发现了一个与世隔绝的小岛，上面的男男女女却都会讲法语。这位探险家非常惊讶，但很快就找到了一种解释。当地人有一个传说：在很久很久以前，一艘打着法国国旗的船在这个小岛附近发生了海难，现在这些岛上居民就是这艘船上水手的后代。过了几天，这位探险家又发现一件令他感到非常惊讶的事，当地人说他们会捉空中飞的鱼来吃。人们还和他说，这些鱼有两只翅膀、两个爪子和一个尖嘴，不但会做窝，还会唱好听的歌。这下探险家更吃惊了，他试着和岛上的居民讲，鱼生活在海里，有鳞有腮，根本不会发声。结果对方哈哈大笑。很快，探险家反应过来误会在哪里了：海难发生之后，这个小岛上说的语言和法国所说的语言都发生了演变，以至于如今在岛上所说的语言中，"鱼"表示的是普通法语中"鸟"的意思。这个小岛上发生的事并不罕见：探险者自己也知道，魁北克法语和法国法语的词汇也有些差异。

这位探险家是怎么搞清楚小岛当地语言中"鱼"一词是什么意思的呢？首先，他可以让当地人指给他看一只"鱼"，如果对方指给他看了一只鸟、一条蛇或是一只青蛙的话，他就知道这个词是什么意思了。不幸的是，这种方法只适用于表示具体事物的词，而没办法用于理解类似于"团结"或者"交换性"这种词是什么意思。第二种方法就是让当地人给出"鱼"一词的定义，或者从他们的词典中找出定义。但这种方法只有在知道词典中用以解释的词是什么意思时才能用，否则还要去查那些用来解释什么是"鱼"的词，然后再查……无穷匮也。第三种方法就是问当地人一些关于"鱼"一词的命题，看看他们认为哪些命题成立。探险家用的正是这最后一种方法：他发现当地人认为"鱼在天上飞""鱼有两只翅膀"等命题成立，于是理解了"鱼"的真正意思。

哲学家们正是这样定义了"含义"一词的含义：一个词的含义就是与该词相关的所有真命题的集合。因此，我们无法孤立地定义某个词的含义，虽然词典让众人以为这是可能的。语言中所有的真命题同时定义了所有词的含义。命题"鸟在天上飞"成立这件事同时对"鸟""天"和"飞"这三个词的定义有所贡献。更确切地说，定义了语言中词的含义的并不是所有真命题的集合，因为这个集合无穷大而且还很复杂。而确定什么命题成立的那些标准，才真正定义了词的含义。对于数学语言而言，这些标准就是公理和演绎规则。

这一思想就回答了为什么我们接受公理的问题：我们接受公理"过两点有且只有一条直线"，是因为这一公理本身就是"点""直线""过"这些词定义的一部分。

这个答案是由庞加莱提出的，比传统的答案更让人满意。只要我们搞清楚"点""直线""过"等词的含义，这一命题很显然就成立了。自庞加莱以后，我们就了解到，并不是因为我们知道了这些词的含义，这条公理就奇迹般地成了一个看似显然的命题，而是因为公理恰恰是这些词定义的一部分，我们才认为它成立。

这种对于定义的理解，解决了欧几里得《几何原本》中因定义"点"的概念而带来的一个古老问题。欧几里得对"点"的定义相当模糊："点是没有部分的东西。"然后，他提出了各种公理并证明了各种定理，却从来没有用到过"点"的定义。那么这个定义到底是干什么用的呢？在庞加莱看来，这个定义根本没有用——"点"这一概念的真正定义并不在这句含义不明的话里，而在于几何的公理之中。

弗雷格工作的结果

一旦搞清楚了公理的概念，我们就可以试着盘点一下弗雷格的工作了。当然，和弗雷格所希望的正相反，我们没有办法不用公理，而仅凭谓词逻辑就定义自然数和算术运算并证明命题 $2 + 2 = 4$。然而，如果把定义的概念稍加延伸，把这些公理视为我们用到的概念中隐含的定义，那么弗雷格的工作可算是相当成功，因为命题 $2 + 2 = 4$ 是算术公理的结果，当然也是由公理构成的自然数和算术运算的定义得到的结果。

这场从弗雷格到希尔伯特的旅程最终得出了一个结论：分析判断的概念在康德的时代还很模糊。分析性有很多层次。如果不用公理，仅通过谓词逻辑就能证明一个命题，那么对这个命题为真的判断就可以称为分析判断。就此而言，数学判断不是分析的。如果某些公理构成了所涉概念的隐含定义，且通过利用这些公理的谓词逻辑可以证明一个命题，那么这个判断也是分析判断，这样的话，所有的数学判断都是分析的。我们后面会看到，此后又出现了其他的分析性概念。

这段旅程的另一个产物是对谓词逻辑的澄清。谓词逻辑综合了亚里士多德和斯多葛的逻辑，只要接受设置几条公理，任何数学都可以用它表达。这一逻辑的建立对我们理解推理的本质而言是一大进步，大概是自古以来最重要的进展了。而澄清推理的本质，对推理与计算之间的关系具有深远的影响。

谓词逻辑的诞生：1879—1928 年

1879 年：弗雷格的逻辑

1897 年：布拉利-福尔蒂悖论

1902 年：罗素悖论

1903 年：罗素类型论，由怀特海进一步发展

1908 年：策梅洛集合论公理

1928 年：希尔伯特的谓词逻辑最终形态

第 4 章

判定性问题与丘奇定理

　　20 世纪初，几乎同时出现了两个关于计算的理论：可计算性理论和构造性理论。大家可能会觉得，创造了这两个理论的学派应该会理解两种方法之间有何联系，并以相互尊重的心态进行合作。不幸的是，他们之间更多的是纷争与不理解。直至多年以后，到了 20 世纪中叶，人们才终于搞清楚了可计算性和构造性这两个概念之间的联系。

　　直至今天，我们还能看到这场历史纷争的些许痕迹——有时，阐述这些工作的方式还是过分注重意识形态，而冷静的表述才是正道。然而我们必须承认，尽管事后看来，两个学派创造的这两个概念相当相似，但当初要解决的问题却是泾渭分明，因此，我觉得还是应该分别加以介绍。让我们先从可计算性的概念开始吧。

新算法的出现

弗雷格以及随后的罗素和希尔伯特等人澄清推理规则的工作，在 20 世纪 20 年代促成了谓词逻辑的诞生。谓词逻辑符合数学的公理化思想，它包含的推理规则可以让我们一步步构造从公理到定理的证明，而没有给计算留下任何空间。虽有欧几里得算法、中世纪算术算法以及微积分，谓词逻辑再次确立了从古希腊时代继承下来的公理化数学思想，对计算置之不理。

和公理化思想一样，在谓词逻辑中，问题以命题形式表述，而解决问题就是构造一个证明来证明它成立或不成立。谓词逻辑的新鲜之处在于，这些命题不再以自然语言（比如法语）描述，而是用一种符号化语言来表达，包括谓词关系符号、连词、变量和量词。这样一来，我们就可以根据命题的形式，对其所表述的问题进行分类。比如，最大公约数的问题就是由这样一个形式的命题表述的："数 x 和数 y 的最大公约数是数 z。"

有了谓词逻辑，加上表述最大公约数问题的命题形式对问题的刻画，欧几里得算法的地位不一样了：它可以被视为一种用以判定"数 x 和数 y 的最大公约数是数 z"这种形式的命题是否成立的算法。这个地位的变化很轻微——用于计算两个数的最大公约数的算法，变成了判定这种形式的命题是否成立的算法。然而这一变化很重要。

实际上，在 20 世纪初出现了很多算法，来判定某一组特定谓词逻辑命题是不是成立。当时，人们已经知道了欧几里得算法，它可以判断所有"数 x 和数 y 的最大公约数是数 z"这种形式的命题是否成立。人们还知道加法算法，它可以判断所有"$x + y = z$"形式的命题是否成立。更新型的算法也出现了。1929 年，波兰数学家莫伊泽斯·普雷斯伯格提出了一种算法来判定所有"线性代数"的命题，也就是数论中保留加法、去掉乘法后剩下的部分。比如这个算法表明，可以证明命题"存在 x 和 y 使得 $x + x + x = y + y + 1$"是成立的，然而命题"存在 x 和 y 使得 $x + x = y + y + 1$"则不然。相反，在 1930 年，挪威数学家图拉尔夫·斯科伦则提出了另一个算法，来判定数论中仅有乘法却没有加法的命题是否可以证明成立。同样在 1930 年，波兰数学家阿尔弗雷德·塔斯基又提出了一个算法，可以对实数论中所有既有加法又有乘法的命题做出判断。

这些算法比欧几里得算法与加法算法的目标更高，因为它们可解决的命题的范围更大。加法算法可以判定"$x + y = z$"形式的命题是否成立，然而普雷斯伯格算法不仅可以判定所有此类命题是否成立，还能判定"存在 x 和 y 使得 $x + x + x = y + y + 1$""对于任意 x，存在 y 使得 $x + x + x + x = y + y$""存在 x 和 y 使得 $x + x = y + y + 1$"等命题的真伪。

塔斯基算法的野心还要更大，因为所有欧氏几何问题都可以归结为用加法和乘法表达的实数问题。塔斯基算法的存在，意味着所有几何问题都可以通过计算来解决。虽然古希腊人也引入了推理来解决问题，特别是几何问题，但他们没能达到用计算解决的高度。塔斯基却证明了——至少对于几何而言，当初从计算向推理的转变毫无必要，因为古希腊人未能预见的这种新算法可以代替推理。

判定性问题

这就自然提出了一个问题：算法是否就是全部的数学语言了呢？确实，古希腊人引入了推理来解决计算所不能解决的问题。然而，事后看来，谁也不能够保证不存在这样一种算法——虽然古希腊人未能预见这种算法，但它应该能完全代替推理，就像几何的情况那样。

20 世纪 20 年代，希尔伯特提出了一个问题，并称之为"判定性问题"：有没有一种算法，能够判定在谓词逻辑下的命题是否可以证明成立呢？

如果一个问题可以用算法解决，我们就说它是"可判定"或是"可计算"的。对于一个函数，比如由两个数得出其最大公约数的函数，如果用 x 的值可以计算出 $f(x)$ 的值，我们就说它是"可计算"的。于是，希尔伯特的判定性问题就可以这样表述：设有一个关于命题的函数，该命题可证明成立则函数值为 1，否则为 0，那么这个函数可计算吗？

有了这个问题，谓词逻辑就不仅仅是一组可以用于构造数学证明的规则了，它本身就成了研究对象：人们开始提出关于谓词逻辑的问题。从此，希尔伯特时代数学家的思想与欧几里得时代有了巨大的差异。对于古代数学家而言，数学的研究对象是数字和几何图形，推理仅仅是一种方法。但在 20 世纪的数学家看来，推理本身就是研究对象。明确演绎规则的谓词逻辑的出现，是这一转变过程中的关键一步：隐式的推理规则足够古代数学家使用了，然而20世纪数学家认为显式的定义是不可或缺的。

希尔伯特提出让计算回归，并不完全出于实用的目的。弗雷格先前提出了一套自相矛盾的逻辑，可以同时证明某件事及其对立面。这促使罗素及随后的希尔伯特对其加以了修正，他们由此得出的谓词逻辑看起来没有矛盾，因为当时还没人能找到悖论。但希尔伯特也无法保证，他的逻辑不会早晚面临像弗雷格逻辑一样的命运：如果有人能够同时证明某件事和它的对立面，那谓词逻辑就算完蛋了。这才是希尔伯特用计算代替推理的主要原因——计算可以显示某个命题为真或为假。这样一来，算法绝不会同时得出两个不同的结论，那么从构造上就保证了这个逻辑不会有矛盾。

消去"无穷"

在公元前5世纪的希腊，"无穷"闯入了数学，引发了从计算到推理的转变。"无穷"在数学中无处不在，我们又如何能指望计算回归呢？要理解这一点，我来举一个大家熟知的算法的例子：判定一个多项式方程，如 $x^3 - 2 = 0$

或 $x^3 - 8 = 0$，是否有自然数解。这个算法又可以看作是判定符合形式"存在 x 使得 $P(x) = 0$"的命题是否成立的算法，其中 P 是多项式。首先，如果我们只寻找 0 到 10 之间的解，那么简单的算法就是挨个尝试 0 到 10 之间所有的自然数。比如，对于多项式 $x^3 - 2$，其结果分别是 -2、-1、6、25、62、123、214、341、510、727 和 998，都不等于零，所以方程 $x^3 - 2 = 0$ 没有 0 到 10 之间的自然数解。自公元前 5 世纪以来，人们开始在自然数这个无穷集合中寻找解，那么上述方法就行不通了，只能用推理来代替计算。

但对于上述特例，这么说太武断：如果 x 大于 10，那么 x^3 就会大于 1000，怎么可能等于 2 或等于 8 呢？如果这两个方程有解，那么这个解肯定要小于 10，所以，列举从 0 到 10 之间所有可能的解已经足以确定该方程有没有解了。更普遍来说，不管是什么多项式，都可以算出一个数，使得最高次项大到无法被其他项抵消，那么从此往上就再不可能有解了。所以，只要枚举这个上界以内的数，我们就可以回答在无穷多个自然数中是否有解了。

我们没有必要被命题"存在 x 使得 $x^3 - 2 = 0$"中出现的"存在"一词吓到，虽然这个量词一下就把无穷多个自然数引了进来。在某些情况下，我们可以把这样的量词去掉，把这个命题变换成等价命题"在 0 到 10 之间存在 x 使得 $x^3 - 2 = 0$"，这样就可以计算了。我们把这种方法叫作"量词消去法"。而恰恰是通过量词消去法，普雷斯伯格、斯科伦和塔斯基才建立了他们的算法。他们三人都未能成功地证明在数论中同时允许加法和乘法时可以消去量词。但在希尔伯特的时代，没有什么方法能证明这是可行的。那么在算术之外，我们能不能找到一种适用于整个数学的类似方法呢？

丘奇定理

1936 年，阿隆佐·丘奇和阿兰·图灵分别独立解决了判定性问题，其答案是否定的：谓词逻辑不存在一种判定性算法。所以，推理和计算之间还是有本质区别的，希尔伯特试图用计算来代替推理的计划落了空。

丘奇和图灵又是怎么证明这个定理的呢？我们已经看到，自 20 世纪初以来，推理本身已经成为了研究对象。为此，人们需要对演绎规则和推理中使用的命题语法做出明确的定义。同样，为了解决判定性问题，丘奇和图灵就必须把计算本身变成研究对象。光像欧几里得或中世纪数学家那样提出算法是不够的，为了证明解决某一类问题的算法不存在，他们需要为"算法"和"可计算函数"的概念给出明确的定义。20世纪30年代的数学家们给出了若干不同的定义：法国数学家雅克·埃尔布朗和库尔特·哥德尔提出了"埃尔布朗-哥德尔方程组"，丘奇提出了"λ演算"，图灵提出了"图灵机"，斯蒂芬·科尔·克莱尼则提出了"递归函数"……

事后看来，所有这些定义都是等价的，并且或多或少都把计算的过程描述为一系列变换步骤。比如在计算 90 和 21 的最大公约数时，我们就用到了这样一些变换过程，一步步把数对 $(90, 21)$ 变成 $(21, 6)$、$(6, 3)$ 再变成 3。如果我们用 $\mathrm{pgcd}(90, 21)$ 来表示 90 和 21 的最大公约数的话，那么表达式 $\mathrm{pgcd}(90, 21)$ 就会一步步变成 $\mathrm{pgcd}(21, 6)$ 再变成 $\mathrm{pgcd}(6, 3)$ 最后变成 3。这种"变换"或"重写"的概念正是埃尔布朗、哥德尔、丘奇、图灵、克莱尼等人提出的定义中的共通之处，也是今天计算理论的核心。

比如欧几里得算法就包含两条计算规则：第一条是如果 a 除以 b 除不尽，r 是余数的话，则把表达式 $\mathrm{pgcd}(a, b)$

变换成 pgcd(b, r)；第二条是如果能够除尽，则把表达式 pgcd(a, b) 变换成 b。

按照这个定义，计算就是在一套规则的指引下，从一个表达式到另一个表达式的逐步变换。有意思的是，这种定义让计算更接近推理了。演绎规则也可以用一个表达式替换另一个表达式。比如，演绎规则可以通过命题"如果 A 则 B"和命题 A 推导出命题 B。如此一来，我们何不将这种演绎规则看成是一种计算规则，即将证明命题 B 的问题，变换成证明命题"如果 A 则 B"和命题 A 的问题？计算规则和演绎规则之间的区别到底在哪里呢？

20 世纪 30 年代初，数学家明确找到了这一区别：在把表达式 pgcd$(90, 21)$ 变成 pgcd$(21, 6)$ 再变成 pgcd$(6, 3)$ 最后变成 3 的时候，我们从变换一开始就知道，在一定的步数之后必然可以得到一个结果，然后就停下来了。相反，利用把命题 B 变换成命题"如果 A 则 B"和命题 A 的规则，一个命题就会无穷无尽地变换下去。命题 B 变换成了命题"如果 A 则 B"和命题 A，命题 A 也可以做同样的变换，以此类推。照这种方法，如果命题可以证明成立，这种变换过程固然也就成功了；可要是证明不了，我们也没有任何办法让这个过程中断，因为它会无止境地搜寻下去。

一组计算规则想要成为一个算法，就必须具有另外一些性质，能够保证这组规则经过有限步骤后总能得出一个结果，也称为"停机"。因此，广义的计算方法的概念和算法的概念就有了差异：前者是一组随便什么计算规则，而后者则是一组保证能够停机的计算规则。比如欧几里得算法就是一个算法。相反，规则"pgcd (a, b) 变换成 pgcd $(a + b, b)$"定义的计算方法就不是算法，因为如此一来，表达式 pgcd $(90, 21)$ 就会变成 pgcd $(111, 21)$ 再变成 pgcd $(132, 21)$……永远都得不出一个结果。

因此，希尔伯特的确定性问题不在于能否用一个计算方法来代替推理，因为这个问题的答案很明显是肯定的，我们只需要把每条推理规则都写成一条计算规则就行了。问题在于我们能否用一个算法来代替推理，这里的算法是一个永远都能停机的过程，并且在不能证明命题成立时，能够给出否定结果。

算法作为计算的对象

欧几里得算法或加法算法都是作用于数字的。算法也可以作用在其他类型的对象上，比如微积分就作用于函数表达式。我们完全可以设计一些算法和计算方法，把它们用在计算规则的集合上。

比如，有一个这样的方法名为"解释器"。它作用于两个对象 a 和 b，其中 a 是一组计算规则，而它给出的结果就是将规则 a 所构建的方法应用于 b 时得到的结果。这个定义比较抽象，还是举个例子比较好理解。我们在前面已经看到，欧几里得算法可以用两条规则来描述。我们把这两条规则的集合称为 a，把 90 和 21 构成的数对叫作 b。将解释器 U 作用于 a 和 b 就得到了结果 3——这也就是将欧几里得算法作用于 b 所得到的结果。自然，如果将规则 a 所构建的方法作用于 b 时无法停机，那么将解释器 U 作用于 a 和 b 时也同样无法停机。如今，这个解释器的概念是编程语言理论的一个基础工具——如果有人发明一种新的编程语言，一开始并没有计算机能够执行用这种语言编写的程序。要想使用这种语言，首先要用已有的语言来编写一个解释器。解释器会作用于用新语言写成的程序 a，并计算将程序 a 作用于值 b 时得到的结果。

停机问题

人们又一次尝试设计一个作用于计算规则的算法，这带来了可计算性理论的第一个否定结果，这个结果第一次证明了某些问题无法用计算解决。具体来说，就是设计一个算法 A，和解释器一样作用于两个对象 a 和 b，其中 a 是一组计算规则的集合。这个算法要能够指出，当规则 a 构建的方法作用于值 b 时能否停机。如果能停机，A 作用于 a 和 b 时就得出结果 1，反之则得出结果 0。

然而，这样的算法已被证明不存在。为此，图灵、丘奇和克莱尼在 1936 年分别独立给出了一个归谬法证明，也就是证明存在此种算法的假说会导致矛盾的结果，因此该假说不成立。首先，如果该算法存在，应该不难构造一个方法 B，它和算法 A 一样都作用于两个对象 a 和 b：若将方法 a 用于 b 时能够停机，B 就进行一个不能停机的运算，反之就进行一个能够停机的运算。如果存在这样的方法 B，我们就可以构造出第三个方法 C，它仅作用于一个对象 a：

将 B 作用于 a 和 a。由此,我们就可以把 C 作用于 C 了。那么这个运算能停机吗?

根据 C 的定义,将 C 作用于 C 等同于将 B 作用于 C 和 C。然而,如果将 C 作用于 C 不能停机,将 B 作用于 C 和 C 时就应该停机。因此,将 C 作用于 C 会得到一个如果不能停机就应该停机的计算——这就矛盾了。这一矛盾证明方法 C 不可能存在,于是方法 B 也不可能存在,所以算法 A 同样不存在。

这一定理证明了停机问题无法用算法解决,称为“停机问题不可判定定理”。将此定理用在希尔伯特判定性问题上,其实是最简单的一步。丘奇和图灵都马上就明白了这一点——这次又是各自独立做出。设计谓词逻辑是为了容许所有的数学表达,它能够表达形如“由规则 a 定义的方法在作用于值 b 上时可以停机”的命题。让我们再来用一次归谬法。如果存在一个算法,能够判定一个谓词逻辑命题是否成立,那么它也能够判定这种特定的形式的命题是否成立,即判定算法 a 在作用于值 b 时是否会停机。这就与停机问题不可判定定理矛盾了。结果就是:不存在判定一个谓词逻辑命题是否可证明的算法。虽然丘奇和图灵都独立给出了证明，但这一定理还是以丘奇命名——这就是"丘奇定理"。

所以，计算和推理完全是两回事：某些数学问题无法用计算解决，需要推理。这也证明了从全由算法构成的史前数学过渡到古希腊数学是完全必要的。

分析 ≠ 显然

丘奇定理让我们对分析判断有了新的了解，特别是它与"显然"的概念之间的关系。传统上，分析判断（或同义反复）的例子常常看起来都十分显然：三角形有三个角，草食动物吃草，一分钱就是一分钱……即使在日常语言中，"同义反复"也和"显而易见"或"不言自明"是一个意思。同样，说某件事"依定义"(by definition) 就是对的，意思也是说这件事很显然。

这样一来，我们就能够理解，在弗雷格以及随后其他人提出"所有数学判断都是分析判断"的论点之后，为什么那么多数学家都缄口不语了。

更广义而言，很久以来一直有人批评逻辑推理，说它无非是把公理中暗含的内容揭示出来而已，却没有产生任何新的东西。比如，三段论"所有人都是必死的，苏格拉底是人，所以苏格拉底是必死的"看起来并没有带来什么新内容，既然苏格拉底是人，那么"苏格拉底是必死的"这个结论就已经隐含在大前提"所有人都是必死的"里面了。

然而，丘奇定理将这些论调一扫而光：确实，逻辑推理无非是揭示了公理中暗含的真理，但和三段论"所有人都是必死的，苏格拉底是人，所以苏格拉底是必死的"给我们的印象不同，这些真理虽然暗含在公理中，却绝非显然或是"不言自明"。如果真理是显然的，那就应该存在一个算法，能告诉我们从一组公理中可以得出哪些结论，但丘奇定理恰恰证明了事实并非如此。这就说明，推理——这个将暗含的东西揭示出来的过程绝非无足轻重。如果大家喜欢比喻的话，我们可以把推理比作淘金：长年累月地将河中的沙子过筛，期望找到黄金。当然，黄金本来就在沙子里，但要是说它俯拾即是，就有点过分了。结果固然已经暗含在公理中，但揭示真理的过程本身带来了信息和知识。

如果考虑到获得一个结果所需的计算量，"分析"和"显然"之间的区别还可以进一步细化。即使解决一个问题的算法存在，假如这个算法需要大量的计算，我们就可以认为它的答案并非显然。比如，判定一个数是素数还是合数的算法有很多，然而要判断一个庞大数字是不是素数可能需要算上几年。在这种情况下，算法固然存在，我们却不能说一个数是否为素数是一件显而易见的事情。数的奇偶性判断才能叫"显然"——只要看看末位数字就行了。

将"可计算"与"分析"混为一谈，这种错误在自然科学的数学化讨论中十分常见。力学已经在 17 世纪数学化了，也就是说，力学变成了一套公理化理论。于是我们有时候就会听人们说，解决一个力学问题（比如计算某个行星在未来某天所处的位置）无非是简单算一下就好了。这种论调违背了丘奇定理——力学一旦完成了数学化，解决问题需要的就不是计算，而是推理。

另一个问题是，力学能不能表达成一组算法，而不是一组公理？我们在后面还会进一步讨论。

第 5 章

丘奇论题

数学家们尝试解决希尔伯特判定性问题，最终得出了否定结果——丘奇定理，这促使他们在 20 世纪 30 年代努力澄清"算法"到底是什么，并提出了若干种定义：埃尔布朗和哥德尔的方程组、丘奇的 λ 演算、图灵的图灵机、克莱尼的递归函数、重写……都分别定义了一种语言来描述算法。今天我们可以说，它们分别定义了一种"编程语言"。

事后看来，所有这些定义都是等价的。如果一种算法可以用其中一种语言定义，那么这个定义就可以被重写成任意一种其他语言。定义的等价性是可计算性理论的成就之一：它意味着我们得到了关于"计算"的一个绝对概念，它与算法的表述语言偶然体现为哪种形式无关。

然而，20 世纪 30 年代的数学家们还面临着一个问题：这一"计算"的概念是不是"真正"的计算概念呢？未来的数学家们有没有可能又提出了别的语言，可以表达更多的算法呢？当年大多数数学家都觉得不会发生这种情况，所以由图灵机、λ演算等定义的"计算"的概念是对的。这个论题被命名为"丘奇论题"——虽然此次又有几位数学家同时提出了类似的论题，特别是图灵。

通用的计算概念

丘奇论题认定了下面这两个概念其实是一回事：由λ演算和图灵机等定义的"计算"概念，以及"通用"的计算概念。要精确表述这个论题的话会遇到一个困难——"通用"的计算概念究竟是什么？这一点并不明确。所以，如果我们在表述丘奇论题时说，未来提出的任何用于表达算法的语言都绝不可能比我们今天所知的语言更强大，或者，未来提出的任何算法都可以用我们今天所知的语言来表达，那这听起来简直就是在算卦，而不是在提出科学论题了。自20世纪30年代以来，人们也尝试明确算法的"通用"概念，以便让丘奇论题有更精确的表述。

事实上，要明确算法的概念有两种办法，取决于计算是由数学家来做，还是由一个物理系统（一台机器）来做。

这就把丘奇论题的两种变形区分开来，我们可以称之为丘奇论题的"心理"形式和"物理"形式。丘奇论题的心理形式指的是：人类为解决某一特定问题所能完成的所有算法，都可以用一组计算规则来表达。其物理形式则说的是：物理系统（机器）为解决某一特定问题所能系统执行的所有算法，都可以用一组计算规则来表达。

如果我们接受唯物主义观点，即人类是自然的一部分，并且不存在超自然能力，那么丘奇论题的心理形式就是物理形式的一个结论。

然而需要注意的是，即使在这种情况下，这两个论题也不是等价的。物理形式论题无论如何都不是心理形式论题的结论。自然能计算的东西完全有可能比人类更多。某些物理系统，比如计算器，能计算的东西会比麻雀要多，但谁也无法事先保证这一点不适用于人类。不过，如果丘奇论题的物理形式成立，也就是说所有物理系统能计算的算法都可以用一组计算规则来表达，那么但凡大自然能够计算的东西，人类都能计算。这就意味着人类是自然界中最会计算的——自然界中的任何东西，动物、机器……都不会比人类算得更好了。这一论题——我们可以把它称为

"人类的计算完备性"——在某种意义上来说，是唯物主义的逆命题。我们可以脱离丘奇论题，单独就这一点进行辩护。

最后，如果丘奇论题的心理形式和人类的计算完备性论题都成立，那么丘奇论题的物理形式也成立。要是这样的话，大自然能够计算的所有东西都可以由人类计算，而任何人类能够计算的东西都可以用一组计算规则来表达。

我稍微做一点形式化解释，有助于大家更好地理解这几个论题之间的关系。这里有 3 组算法：一组计算规则所能表达的算法集合 R、物理系统能够计算的算法集合 M 和人类能够计算的算法集合 H。

有了这 3 个集合，我们就可以写出 6 个"某集合包含于另一集合"形式的论题。那么其中的两个，$R \subseteq M$ 和 $R \subseteq H$ 是显然成立的。

此外还有 4 个论题：

- 丘奇论题的物理形式 $M \subseteq R$；
- 丘奇论题的心理形式 $H \subseteq R$；
- 唯物主义论题 $H \subseteq M$；

- 人类的计算完备性论题 $M \subseteq H$。

再利用事实——如果集合 A 包含于集合 B，而 B 又包含于集合 C，则 A 包含于集合 C，我们就可以推导出这些论题之间的 4 个关系：

- 如果丘奇论题的物理形式和唯物主义论题 $H \subseteq M$ 成立，则丘奇论题的心理形式成立；
- 如果丘奇论题的物理形式成立，则人类的计算完备性论题成立；
- 如果丘奇论题的心理形式和人类的计算完备性论题成立，则丘奇论题的物理形式成立；
- 最后，如果丘奇论题的心理形式成立，则唯物主义论题 $H \subseteq M$ 也成立。

丘奇论题的物理形式

丘奇论题的两种形式都无法用纯数学手段证明，因为二者都用到了数学之外的概念：一个用到了人类的概念，另一个用到了物理系统的概念。所以，我们必须要借助心理学或物理学原理才能支持或反对这些论题。

英国数学家、逻辑学家罗宾·甘迪在1978年提出了丘奇论题物理形式的一个证明。首先，假设物理空间是普通的三维几何空间。然后对物理的大自然又提出了两点假设：信息的密度是有限的，信息的传播速度也是有限的。第一个假设意味着，大小有限的物理系统仅可能拥有有限个不同的状态。第二个假设意味着，一个系统的状态要经过一定延迟后才能影响另一个系统的状态，而延迟的时间则与两个系统之间的距离成正比。

甘迪的证明涉及一个我们持续观察的物理系统，比如每秒或每毫秒观察一次。首先，既然这个物理系统的大小是有限的，根据第一个假设，它仅可能拥有有限个状态，而且它在某一给定时刻的状态仅依赖于其在前一时刻的状态。由此就可以得出，利用一组计算规则，我们就能根据系统的初始状态，计算出系统在每个时刻的状态。也就是说，这个物理系统所能进行的所有运算，都可以通过一组计算规则来完成。

然而，事先假定系统的大小有限并不令人满意。当然了，如果你要算乘法，你会拿出一张有限大小的纸，但是乘法这个算法并不限于你能写在这张纸上的数字。所以，要定义计算的物理概念，我们还得考虑无限大小的系统。

于是，甘迪又提出将这样的系统切割成无限个有限大小的相同单元。根据第一个假设，在任意时刻，任意单元只能处于有限状态中的一个。根据第二个假设，某一单元在某一给定时刻的状态，仅取决于它自身以及周围有限个单元在前一时刻的状态。在计算开始时，除了有限个单元外，其他所有单元都处于同样的静止状态。然后，系统开始一步步演变。在预先设定好的步数之后，或者在某一单元达到特定状态后，计算即告终止，此时所有单元的状态就是计算结果。这样一来，甘迪就证明了，利用一组计算规则，根据初始状态就可算出系统在每一时刻的状态。所以，物理系统能够计算的所有内容都可以通过一组计算规则计算出来。

这里介绍的甘迪的论证仅适用于确定性系统，即初始条件决定了整个演变过程。它也很容易推广到非确定性系统，只要把系统的实际状态换成可能状态的集合就行了。

此外，我们应该注意到甘迪的论证并未假设大自然是离散的，或者说大自然被切割成一个一个单元。空间和时间的分割仅仅是一种手法。单元的状态数有限，而且影响某个单元状态的单元数有限，这完全是从信息密度有限和信息传播速度有限这两个假设得出的结果。

同样，这个证明中并没有任何将大自然简化成计算机的想法——当今的这种想法要是放在18世纪的机械式观点里，就相当于将大自然简化成一个大钟。即使没有这种想法，除了大自然的种种其他特性外，我们也可以想一想，一个物理系统能够进行哪些计算。

不过，我们还应批判一下甘迪的两个假设，即在一个经典几何空间上加上了两条来自于现代物理的原理——信息密度有限，以及信息传播速度有限。我们可以想想，如果给大自然加上其他的假设，比如量子力学或是引力相对论等，丘奇论题还成立吗？在这世界上，新的物理理论层出不穷，很难就此一口咬定。尽管如此，根据类似于甘迪提出的理由，丘奇论题在这些新理论里貌似也还是成立的。还没有哪个理论能证明，存在一个物理系统，能够完成计算规则所不能完成的计算。

自然的数学化

丘奇论题也为一个古老的哲学问题带来了新的视角——数学概念是否适合描述自然？

让我们举一个经典的例子来说明这个问题。17世纪时，继丹麦天文学家第谷·布拉赫之后，约翰内斯·开普勒观察了行星围绕太阳的运动。他意识到，行星的轨迹呈椭圆形。但椭圆的概念并不是为了描述行星的运动才在17世纪发明出来的，人们早在公元前4世纪就已经知道什么是椭圆了。为什么这个在古代诞生且与天体力学毫无关系的概念，却如此适合描述行星的轨迹呢？换句话说，为什么行星会画出简单的几何图形？或者回到刚才的问题，为什么行星的运动可以用数学表达式来描述？面对这一惊人的事实，爱因斯坦总结道："这个世界最不可理解之处，就是它竟然可以被理解。"而尤金·维格纳则说："数学在自然科学中的巨大作用，没有任何合理的解释。"

直到16世纪，人们仍然可以回答说"大自然根本不遵循数学规律"，然后把这个问题扔到一边。这也是中世纪末期亚里士多德主义哲学的主要观点。但从那以后，数学物理不断取得成功。人们不得不承认，就像伽利略所说的那样，大自然这本大书是用数学语言写成的。

为了解释自然法则可以数学化的惊人事实，人们做出了若干尝试。其中一个解释说，假设自然是由一位数学家上帝创造的，他选择用数学语言来书写大自然这本大书，并且选择椭圆作为行星的轨迹。这种解释固然解决了问题，但很难验证，而且没理由认为它胜过了其他解释。再说，这无非是用一个谜来解释另一个谜，因为这种假设并没有解释为什么上帝是个数学家。

另一种解释说，人类把来自于观察自然的概念抽象化，从而发展出了数学概念。那么，自然对象和数学对象之间有相似之处也就不值得大惊小怪了。这种观点或许解释了为什么某些数学概念能够有效地描述自然现象，却没能解释为什么椭圆的概念能够很好地描述行星的运动，因为椭圆的概念并不是通过观察行星运动而得来的。

还有一种解释说，科学家们巧妙地选择了自己观察到的现象，挑出能够数学化的对象，并忽略其他：尽管二体运动（太阳和一个行星）很容易用数学来描述，但我们从19世纪末庞加莱的研究中了解到，三体问题就比较难用数学来描述。而碰巧的是，17 世纪的物理学家更有兴趣研究二体问题而非三体问题。这种观点有一定道理，却不充分，它并没有解释为什么有些问题可以数学化——如果不是所有问题都能的话。

再有一种解释说，我们常常会将现象简化，以便数学化。比如，由于行星间的相互吸引，行星轨迹实际上是近似椭圆。人们一般会将这种引力忽略，一方面是因为它很弱，但另一方面也是为了简化问题。这种观点确实说出了一些实情，但还是没有解决为什么自然现象能与数学概念如此近似，甚至能被数学刻画。

最后一种解释则依赖唯物主义假设：我们是自然的一部分，那么数学概念理应就可以描述自然。这种解释遇到了一个麻烦，就是假设从内部了解一个机理比从外部更容易，然而经验常常并非如此：我们如今了解肝脏的功能，并不是因为大家都有肝脏，然后通过内省揭示了其功能，而是因为有些人通过实验，观察了其他人的肝脏。

在某些情况下，当我们对一个现象有了更深入的理解之后，它遵循某个数学定律的原因就不言自明了。还记得前面讲过的那个探险家吗？我们之前讲到他在琢磨"鱼"

这个词的意思。此后，探险家继续在岛上探险，发现一种不知道名字的树会结果子。他摘了几个果实并把它们称了称。他惊讶地发现，这些果实的重量相差甚大，而且还都是最轻的那个果实重量的倍数，于是他决定把这个最轻的重量作为单位。有些果实重量是 1，有些是 12，还有些是 16……但他没有找到重量为 45 的果实。他预言这样的果实是存在的，并在随后的探险中终于发现了这样的果实。他非常吃惊，大自然居然如此严格地遵循一个数学规律，而那些看似偏离规律的观察结果，实际上都是不完全的。有一天，探险家终于切开了一个果实，发现果实的主要重量都集中在果核中的种子上。这些种子都长得一样，重量也相同：重量为 12 的果实是因为核里有 12 粒种子；而他只是在第一次观察时没机会遇到核中含有 45 粒种子的果实而已。果实重量的数学规律曾一度让探险家认为存在一个数学上帝，他按照某种算术结构创造了果实。谁知到头来，数学规律的真实原因却相当平淡无奇。当然，这一发现还没能搞清楚所有问题，比如，它没有解释为什么所有种子都一样重，但毕竟，数学上的规律得到了解释。

同样的事就在 19 世纪发生了。当时，化学家德米特里·门捷列夫注意到，化学元素的原子量按照具有某种规则的算术结构分布，却唯独缺了原子量为 45、68 和 70 的元素。门捷列夫由此预言了 3 种化学元素的存在，这就是后来发现的钪、镓和锗。化学元素的算术规律曾让人无比惊讶。然而，人们后来发现，原子量基本都集中在构成原子核的粒子上，而这些粒子的重量都差不多。人们终于明白，门捷列夫只是预言了存在一种核中有 45 个粒子的原子。这一切看起来就没有那么神奇了。也许在不远的将来，基本粒子被分解为更小的实体之后，基本粒子神奇的数学规律也会得到类似的解释。

相反，以这种观点来解释行星运动的几何规律，看起来就不太行得通了。这些现象看起来涉及各种各样的数学规律，也许更明智的做法是为不同类型的规律寻求不同的解释，而不是非要寻找一个全盘的解释，毕竟数学适用于化学和天体力学的原因或许并不相同呢。

我们先来关注一个和行星运动有关的现象——自由落体定律。假设一座高塔的周围变为真空，让一个球从高塔上自由落下，然后测量球在第一秒、第二秒、第三秒……

下落的距离。经过观察，人们发现该现象遵循一个简单的数学定律：落下的距离正比于时间的平方。我们可以把这个规律表达为命题 $d = \frac{1}{2}gt^2$（其中 $g = 9.81\,\mathrm{m \cdot s^{-2}}$）。

这里有几个谜团需要解释。第一，如果我们重复这个实验，结果始终不变：在第一秒中下落的距离总是一样的。自由落体是一种确定性的现象，至于这一谜团背后的原因，丘奇论题似乎帮不上什么忙。第二，自由落体的下落时间和距离之间的关系可以用一个数学命题（$d = \frac{1}{2}gt^2$）来描述，也许丘奇论题对此能够说点什么。

这个由塔、球、测量时间的计时器、测量高度的量高器构成的物理系统，可以被视为一台计算机器。如果我们选定一个时长（比如 4 秒），让球自由下落这个时长并测量其下落的距离（78.48 米），我们在这台机器上就实现了一个计算，将一个值（4）转换成了另一个值（78.48）。根据丘奇论题，这种特定类型的计算机器能进行的任何计算，用一组计算规则也完全应该可以实现。在这个例子里，能与这台模拟机器得出相同结果的算法，就是将一个数平方，乘上 9.81 再除以 2。既然我们用计算规则的语言把这种算法表述了出来，这种算法就有了一个数学形式。丘奇论题的物理形式告诉我们，自由落体定律可以用数学语言来表述。

此时，丘奇论题突然变得更神秘了：它似乎一上来就断言，计算规则的语言及其等价语言足够强大，可以表达所有可能的算法。这样一来，它就对计算的概念做出了某种认定。实际上，正如英国物理学家大卫·多伊奇所强调的，丘奇论题的物理形式也表达了大自然的某种属性，而这种属性的一个结果，就是自然法则被这种计算法则概念所涵盖。这也就解释了为什么自然法则可以数学化。

现在，我们必须从一个新的角度来重新看待甘迪对于丘奇论题的证明了。甘迪说，如果丘奇论题成立，那是因为信息的密度和信息传播的速度有限。如果我们把所有这些论点都摆在一起，就可以得出结论：因为信息的密度和信息传播的速度有限，所以自由落体定律能够用数学语言来描述。

看起来，自然法则之所以可以数学化，是因为信息的密度和信息传播的速度有限。然而，丘奇论题的物理形式还对这一推理进行了强化：如果物理学家抛弃这两条假设，且大自然的其他属性仍能确证丘奇论题，那么，对于大自然为何能够数学化的这套解释依然成立。

如此一来，丘奇论题的物理形式就意味着自然法则可以数学化。假定丘奇论题的心理形式和人类的计算完备性成立，我们就可以先推导出丘奇论题的物理形式，再得出大自然是可以数学化的。事实上，如果上述两个条件成立，我们还可以提出一个更直接的论证，来证明大自然可以数学化。我们只需注意到，如果人类是自然界中最会计算的，那么人类就可以计算给定时间内球下落的距离，因为大自然也能算。然后，根据丘奇论题的心理形式，既然人类可以计算它，那么将下落时间转换为距离的算法就可以用一组计算规则来表达，也就是说，可以用一个数学命题来描述。

这种表述有一个好处，就是它让这种解释更贴近我们前面简要提到的最后一种说法：我们是自然的一部分，所以我们的数学概念能够描述自然。然而，这种解释并没有简单地认为身处一个系统中就足以从内部理解它，而只是利用了我们是自然的一部分，从而将我们的计算能力与自然的计算能力联系起来。从这两种计算能力的等价关系，我们并未得出对自然法则的认识，而仅仅得出了描述它的潜力——一种仍亟待实现的潜力。

"自然法则可以数学化是丘奇论题的一个结论。"这一想法已经存在了十多年。我们可以在大卫·多伊奇和约翰·巴罗等人的著作中找到类似的观点。然而，他们都把丘奇论题与其他概念掺杂在了一起，比如通用解释器或复杂性的概念，在我看来没有这种必要。

这个粗糙的解释还有不少地方需要澄清。首先，就算自由落体定律可以用一个命题来描述，这个命题为何如此简单却无从解释。另有假设认为科学家选择了"可数学化"的现象，或是为了让自然现象"可数学化"，而对其进行了近似简化，这些说法在这里反而有了些道理，只是要将"可数学化"一词换成"简化"。接下来，我们就需要找出可以这样解释的数学规律具有什么样的特点。

不过，这个粗糙的解释至少有一个好处：它利用大自然的一些客观属性，如信息密度和信息传播速度有限、丘奇论题等，将这个原本纯粹的认识论问题与大自然可数学化的性质联系了起来。从方法论的角度来看，这种解释的一大好处在于，它告诉了我们，为了理解大自然为何可以数学化，也就是说自然法则为何可以用一种语言来表述，我们不仅需要考虑语言的属性，更要考虑自然的属性。

自然法则的形式

这一解释的另一个好处是，它启发我们思考自然理论的数学形式。伽利略曾说，大自然这本大书是用数学语言写就的。这一看法促使物理学家用数学命题来描述自然法则。比如，命题 $d = \frac{1}{2}gt^2$ 就把自由下落的小球的下落距离，与落下这段距离所需的时间联系了起来。

在伽利略之后，人们就需要解释为什么存在这样的命题。有一种观点认为，这种命题之所以存在，是因为存在一种能在知道 t 时计算出 d 的算法。如果我们接受了这种观点，就可以树立一个目标，将物理量用一种算法而不是命题联系起来。诚然，在这个例子里，知道 t 以后要计算 d 并非难事，但如果大自然不仅可以数学化更可以被计算的话，我们就没有理由仅限用命题来表达自然法则，而是可以立志用算法来表达了。

实际上，用算法重新表述自然科学的理想已经至少在一个领域实现了——语法。为了理解语言的语法为什么和物理或生物一样是一门自然科学，我们再来当一次探险家吧。探险家在研究了植物之后，这次又发现了说着不明语言的一群人。于是，他开始试图描述这门语言。和物理学家或生物学家一样，探险家也面对着一些事实，这里的事实就是一些话语。他需要构造一套理论，用来解释句子为何会这样说，而不会那样说。这套理论就叫作语法。例如，法语语法就得解释为什么可以说"le petit chat est mort"（小猫死了），而不能说"est le chat mort petit"（猫死了小）。

　　传统上，语法由一组命题来表达，这组命题被称为"语法规则"，比如法语语法中的"形容词要与名词性数配合"，或是英语语法中的"形容词不变形"。通过这些规则就可以推导出句子"les petits chats sont morts"（小猫们死了）是"合式"（Well-formed）的，而"les petit chats sont morts"不合式，因为形容词 petit（小）没有与复数名词 chats（猫）性数配合。

　　话语源于自然，这一事实加上丘奇论题，就意味着存在一种算法，或至少一种计算方法来判断一个句子在某种语言中是不是正确。从唯物主义观点来看，虽然人类介入了话语表达的过程，但语言现象应当和其他自然现象一样，遵守同样的规则。

然而在这个例子里，我们用不上什么深奥的原理：讲话者想要使用一门语言，至少应该能够判断一句话是不是合式。根据丘奇论题的心理形式，应当存在一种算法或至少一种计算方法来判断一句话是否合式。语法不仅应该可以表达为一组命题，而且应当能表达为一个算法。

在 20 世纪 50 年代末，语言学家诺姆·乔姆斯基提出用算法形式描述自然语言的语法。他创造了一种算法表达语言，能够用算法形式定义语法，并且不会偏离传统的语法规则表达法太远。

如果想构思一套算法，判定一个法语句子是否合式，很多传统语法表达掩盖的问题就都冒出来了。比如，为了检验句子"les petits chats sont morts"中的形容词是否与名词性数配合，第一步得先把形容词找出来。我们要问问自己，我们怎么知道 petit（小）是个形容词，并且它修饰的是名词 chat（猫）？我们或许还应该问问，要是有一位印第安部落的探险家希望学习法语，他怎么能在一句话中找到形容词呢？是不是因为词典里写了，我们才知道 petit 是个形容词？是不是因为我们知道 petit 和 chat 的意思？是不是因为 petit 放在 chat 的前面？还是恰恰因为它们之间的性数配合了？将自然语言的语法重新表达为算法，这一工程为语法和语言学提出了全新的问题——关于语言，更关于我们的大脑运用语法的过程。

语法问题并非孤例。在 20 世纪 80 年代之后，计算机科学家们开始以新的方式关注量子力学，特别是"态叠加原理"。在某些情况下，这种新方式让一个电路可以同时完成多个计算，从而可能引发一场计算能力的革命。这就是所谓的"量子计算"。计算机科学家们也同样关注生物学，特别是细胞的机能，由此也可能产生新型的计算。这就是所谓的"生物信息学"。

计算机科学的另一类研究工作或许不太为人所熟知——将一部分物理学和生物学用算法形式重新表达出来。将来，这些研究也许不光会带来计算机科学的变革，还会引发自然科学的革命。

第6章

为计算树立数学地位的尝试——λ演算

可计算性理论对希尔伯特确定性问题给出了否定的回答，随之而来的还有一场让计算重新在数学中占有一席之地的尝试。这次尝试虽然失败了，却仍然值得我们关注，因为它在许多方面都预示了数学史的后续发展。这一尝试建立在一种语言之上，这就是丘奇的杰作——λ演算。

λ演算起初只是一种简便的函数表达法。我们已经知道，在某些情况下可以用函数表达式来表示函数，比如通过表达式 $x \times x$ 将一个数对应到其平方。

然而，这种表达法不太方便，因为它并没有将"函数"与"函数在某一点的值"区分开来。如果我们说"如果 x 是奇数那么 $x \times x$ 也是奇数"，这里说的就是 $x \times x$ 这个数，换句话说，就是这个关于 x 的函数的值；而如果我们说

"$x \times x$ 是递增的",那说的就是函数本身。为了区别这两个概念,我们现在会把函数写成 $x \mapsto x \times x$ 而不单是 $x \times x$。

"$\mapsto$"符号是在 1930 年前后,由尼古拉·布尔巴基引入的。"布尔巴基"是一群法国数学家共同使用的笔名,他们撰写了一套重要的著作来介绍当时的数学知识,分许多年陆续出版。在同一时期,丘奇引入了一种类似的表达法: $\lambda x(x \times x)$,用希腊字母 λ 代替了箭头 $\mapsto$。这其中有个小故事:这种表达法源于怀特海和罗素自 20 世纪 00 年代起就使用的 $\hat{x}(x \times x)$ 表达法,但丘奇的出版商不知道如何在 x 上面印这个长音符号 (^),于是就在 x 前面加上了一个与长音符号相似的大写希腊字母 Λ,它后来又变成了小写字母 λ。虽然 $x \mapsto x \times x$ 的表示法已经广为接受,人们还是会在逻辑学和计算机科学中使用丘奇的表达法,而这种语言的名字"λ 演算"也正源自于此。

谓词逻辑中的一个重要运算,就是将变量替换为表达式。例如,对于命题"对任意自然数 x 和 y,都存在数 z 是 x 和 y 的最大公约数",只要分别将变量 x 和 y 替换为 90 和 21,我们就可以推导出"存在数 z 是 90 和 21 的最大公约数"。在这个例子里,变量 x 和 y 代表的是数。但变量也可以代表函数：我们可以将其替换为诸如 $x \mapsto x \times x$ 的函数。怀特海和罗素已经提出了问题，如果把表达式 $f(4)$ 中的变量 f 替换为表达式 $x \mapsto x \times x$ 会得到什么？他们的回答合乎常理：4×4。

1930 年，丘奇指出怀特海和罗素的答案有一点点瑕疵。事实上，在将表达式 $f(4)$ 中的变量 f 替换为 $x \mapsto x \times x$ 时，我们得到的不是像怀特海和罗素所说的表达式 4×4，而是表达式 $(x \mapsto x \times x)(4)$，这个表达式可以在下一步变形为 4×4，而这就需要加上一条计算规则，即表达式 $(x \mapsto t)(u)$ 可以变为 t，并把其中的变量 x 替换为表达式 u。按照丘奇的说法，怀特海和罗素把两个本应区分开来的运算混在一起了：一是替换变量 f，二是函数求值，这需要替换变量 x。丘奇似乎对于希腊字母情有独钟，他把"将表达式 $(x \mapsto t)(u)$ 变换为 t，并将其中的变量 x 替换为表达式 u"这一计算规则称为"β 归约"。

这条计算规则可能看起来平淡无奇，然而丘奇证明了，利用这一条规则可以模拟任何运算。将两个数对应到其最大公约数的函数，再用 λ 表示出来并用 β 归约进行计算，这样做可能并不容易，但确实可行。它不仅适用于这一函数，而且是对所有的可计算函数都可行。所以，λ演算的可计算范围就与图灵机或埃尔布朗-哥德尔方程组一样。此外，丘奇一开始甚至给出了可计算性的定义：对丘奇而言，"可计算"就意味着"可以用λ演算表示"。这种定义让许多数学家都心存怀疑，他们觉得β归约这一规则太弱了，无法计算所有的东西。直到λ演算与图灵机之间的等价性得到了证明，人们才明白丘奇的直觉是对的。证明两者之间的等价性用到了一个将函数作用于自身的技巧。λ演算语言完全允许将函数作用于其自身，展现了无可置疑的计算能力。

　　然而丘奇最有意思的想法还不在这里。与图灵机不同，λ演算的优势还在于它仅仅用到了一种传统数学概念——函数。因此，基于函数和λ演算，可以为数学构造一种新的形式化方法，与谓词逻辑和集合论都不同。丘奇在20世纪30年代初提出了这样一种数学形式化方法。这一理论运用了β归约规则和其他一些方法，使得所有可计算函数都能直接用一个算法表达出来。从此，计算成了数学形式化的核心。

不幸的是，这一理论也面临着与弗雷格逻辑相同的缺陷：它会自相矛盾。1935年，斯蒂芬·科尔·克莱尼和丘奇的学生约翰·巴克利·罗塞尔证明了这一缺陷。因此，丘奇不再用 λ 演算来进行数学的形式化，而是给了它一个较低的目标——成为表达算法的语言。

此后，美国数学家哈斯凯尔·柯里和丘奇本人都尝试让这一理论能够自洽。柯里希望保留"函数可以作用于自身"的想法，但由此得出的数学形式化实在太违背直觉，最终他放弃了。丘奇则把当初罗素对弗雷格理论所用的方法用于 λ 演算，最终排除了将函数作用于自身的情况。这样一来，理论就自洽了，但也付出了代价——λ 演算失去很多计算能力，因为计算能力恰恰源于将函数作用于其自身的可能性。由此产生的新理论被称为"丘奇类型论"。如今，人们把它看成罗素与怀特海类型论以及集合论的一种变形。

丘奇类型论可以用针对 β 归约的一条计算规则来表达。然而在这个框架下，函数不能作用于其自身，因此这一计算规则的计算能力完全不能与丘奇最初的理论同日而语。在丘奇类型论中确实给计算留了一席之地，因为我们可以把这条计算规则与公理相提并论——但计算的地位仍显得无足轻重。

　　也许是出于无奈，丘奇最终将这条计算规则转换成了一条公理：β转换公理。为计算争取一席之地的数学形式化尝试，也就到此为止了。

　　我们用三章的篇幅介绍了可计算性理论，最终得出了一个悖论。可计算性理论让算法与计算的概念扮演重要的角色，然而，尽管希尔伯特激进地努力用计算代替推理，尽管丘奇做出了大胆却无功而返的尝试，可计算性理论却未能颠覆证明的概念。在可计算性理论的整个发展过程中，证明仍然是基于谓词逻辑的证明，由公理和演绎规则构建而成，并符合数学的公理化思想。而且在这些证明中，并未给计算留下一丝一毫的位置。

第7章

构造性

　　可计算性理论将计算的概念放在首位，相比之下，独立发展的构造性理论也为计算的概念赋予了重要的角色。虽然乍看起来，这个角色并不那么显眼。

构造性

　　我先来讲一个小故事吧。故事发生在第一次世界大战刚刚结束时的"东方快车"上。探险家回到了欧洲，梳洗一新后，在巴黎登上了"东方快车"前往君士坦丁堡。探险家在车厢中发现了一张散发着香味的神秘字条，是一位仰慕他的女性留给他的，请他在法国境内经停的最后一站的月台上相会。探险家找到了一张地图，上面列出了"东方快车"在巴黎和君士坦丁堡之间要停的站：斯特拉斯堡、乌托邦、慕尼黑、维也纳、布达佩斯……他知道斯特拉斯堡在法国，慕尼黑在德国，但他不知道乌托邦在哪个国家。乌托邦这一站实在太小了，列车上没人能够告诉他这是在哪个国家。人们甚至不知道为什么"东方快车"要在这么个小站停车。探险家能不能见到这位神秘的女士呢？这可说不准。不过，不难证明"东方快车"肯定会经停这样一站：这一站在法国，而下一站不在法国。因为要么乌托邦站在法国，那么它就是列车在法国停的最后一站；要么它不在法国，那么斯特拉斯堡就是列车在法国停的最后一站。

不喜欢列车问题的人也许会喜欢更抽象地表述这个推理：如果一个集合包含数字1但不包含数字3，那么肯定存在一个数字 n，使得该集合包含数字 n 却不包含 $n+1$。因为要么数字2在集合里，那么答案就是2；要么不在集合里，答案就是1。

但是，这个推理对于探险家一点用也没有。他不仅要知道神秘女士等待他的车站是不是存在，而且还要知道到底是哪一站。要是这些数学原理无法让他赴约，那又有什么用呢？

这一晚，探险家在"东方快车"上意识到的问题，数学家们在20世纪初恰好也发现了：有些证明，比如上文的例子，说明了具有某种特性的对象是存在的，却没有指出这个对象到底是什么。这类证明应当和通过给出例子来证明满足某种特性的对象存在的证明区分开来。比如，我们可以证明存在一个"东方快车"经停的奥地利城市——维也纳。这种通过举出一个例子来完成的存在性证明叫作"构造性"证明，而被举出的例子则称为"例证"。相反，探险家的那类证明就叫作"非构造性"证明。

回过头来想一想，单是能够进行非构造性证明这件事，就足以令人惊讶了。事实上，在所有的演绎规则中，只有一条规则能够证明类似于"存在 x 使得 A"形式的命题，即"存在量词引入规则"。它可以从 A 的一个实例演绎出"存在 x 使得 A"的命题。这里的"实例"说的是一个类似于 A 的命题，其中的变量 x 被替换成了某种表达式。利用这一规则，我们从命题"维也纳是一个'东方快车'经停的奥地利城市"，就可以推导出"存在一个'东方快车'经停的奥地利城市"。每次使用这条规则的时候，我们从 A 的实例中就可以找到使用的例证。

那么，为什么在非构造性证明中就没有例证了呢？让我们再来看一遍迷失的探险家在法国边境所做的推理。首先，他证明了如果乌托邦在法国境内，那么就存在出境前的最后一站。这部分推理是构造性的。他首先证明了乌托邦是出境前的最后一站，然后运用存在量词引入规则——例证就是乌托邦。接下来，他证明了如果乌托邦不在法国，也同样存在出境前的最后一站。而这部分推理也是构造性的。他首先证明了斯特拉斯堡是出境前的最后一站，然后运用存在量词引入规则——例证就是斯特拉斯堡。最后，在证明的第三部分，探险家分情况进行推理，把前两部分融合起来：不管乌托邦在不在法国，在这两种情况下都存在出境前的最后一站。例证就是在这里丢掉的，因为证明的前两部分分别给出了乌托邦和斯特拉斯堡作为例证，而我们却无法在这两个例证之间做出选择。

"二难推理"这条演绎规则可以让我们从 3 个假设"A 或 B""如果 A 则 C"和"如果 B 则 C"中推理出命题 C。在这个例子里，命题 C 就是"存在出境前的最后一站"，命题 A 是"乌托邦在法国"，命题 B 则是"乌托邦不在法国"。探险家先是证明了命题"如果 A 则 C"和"如果 B 则 C"，但是第一个命题"乌托邦在法国或乌托邦不在法国"是怎么证明的呢？我们怎么知道乌托邦要么在法国、要么不在法国呢？这就要用到另一条演绎规则——排中律。

有了排中律，我们无需证明前提就可以证明"A 或非 A"形式的命题。这条规则说的是一个常见的想法——如果命题 A 不成立，则它的反面"非 A"成立。利用这一原理可以进行非常抽象的推理。想象我们乘着一叶小舟在大海上航行，然后把一枚硬币扔出了船外。硬币落入海中，沉到了几千米下海底的沙地上。没人知道它哪面落地。利用排中律就可以证明，它要么是正面落地，要么是反面落地。比如我们定义一个数，硬币反面落地则为 2，正面落地则为 4，那么排中律就可以证明这个数一定是偶数。当然，我们永远没法知道这个数到底是几，除非能在海底找到这枚硬币。排中律让我们无需举出例证就可证明存在性，这也就是为什么有人把不使用排中律的证明叫作"构造性证明"。

构造主义

想要搞清楚历史上首个非构造性证明是什么时候出现的，这可不容易。某些数学家可能随手使用了排中律，虽然事后可以把他们的证明用构造性方式表达出来。尽管如此，人们普遍认为真正的非构造性证明直到 19 世纪末才出现。在这个时代，特别是随着集合论和早期拓扑学的发展，数学家们向着"抽象"跨出了一大步。非构造性证明的出现在数学界引起了不安，利奥波德·克罗内克和亨利·庞加莱等数学家从一开始就表达了对于现代数学的怀疑。他们觉得现代数学的研究对象过于抽象，而且还使用了一些不给出例证就能证明存在性定理的新方法。到了20世纪初，在针对新方法的怀疑气氛中，荷兰数学家鲁伊兹·布劳威尔提出了一个相当激进的纲领：在数学证明中抛弃排中律。这就意味着，拒绝接受类似"出境前有最后一站"那样的证明。在这个"构造主义"（也称为"直觉主义"①）纲领下，数学家发现自己处于一个十分尴尬的境地：有些命题的已知证明必须依赖排中律，结果导致有人承认它们是定理，而其他人则不承认。

这样的危机实在让人为难。危机虽然不常出现，但这并不是唯一一次。古希腊人拒绝把无穷多个数相加，而16世纪的数学家就愿意这样做。我们下面还会看到，早在19世纪初就出现过"非欧几何危机"。此后，另一次危机出

————————————

①更准确地说，直觉主义是构造主义的一种。构造主义尚有其他形式。——译者注

现在 20 世纪末，人们首次用计算机完成了证明……无论如何，人们不可能面对危机却坐视不理。

构造主义者对排中律的指责不尽相同。有一种相对温和的看法认为，非构造性证明没什么用。我们的探险家无疑就是这样想的：如果不知道出境前的最后一站是哪一站，单知道有这么一站又有什么用处呢？这种观点排斥非构造性证明，不是因为它不正确，而是因为它没有用。更温和的一种观点认为，构造性证明带来的信息比非构造性证明更多。只要有可能，能给出构造性证明总要好一些。相反，布劳威尔的激进观点则认为非构造性证明压根就是错的。夸张一点说，布劳威尔或许认为，假如造桥的工程师利用排中律证明大桥是否能承受重量，那么通过这座桥还是挺危险的。

有几个原因让这场危机火上浇油。一方面，在抨击非构造性方法时，布劳威尔攻击了 20 世纪初最伟大的数学家之一、许多非构造性证明的缔造者希尔伯特。这场危机蜕变成了布劳威尔与希尔伯特之间的个人恩怨，导致这两个人都不愿意仔细倾听对方的说法。另一方面，这场关于排中律的争吵中还掺进来了一些其他的争论。比如，布劳威尔坚持认为，我们对于数学对象的直觉比通过证明得到的相关知识更为重要。这就是"直觉主义"一词的由来。和上次一样，如果说认为直觉在构建新知识时扮演了主要角色，而证明只不过是进行验证的温和观点还可以接受的话，那么布劳威尔的直觉神秘主义并没帮助自己的思想流行开来。相反，构造主义者很快就被视为一小撮古怪的异类。甚至在今天，我们还能看到这种观点的痕迹。比如，让·迪厄多内在 1982 年出版的一篇作品中将构造主义者比作"仍然相信地平说的教徒"。

危机的解决

构造主义危机最终得到了解决。如今，若谁再提出在数学推理中使用排中律是否合理的问题，看起来就没什么道理了。

这个危机是如何解决的呢？为了解释清楚，我们先来看看早一个世纪出现的另一场危机——非欧几何危机，并和它做个比较。

在几何公理中，有一条公理自古以来就是争论的对象。用现代表述方式来说，这条"平行公理"说的是："过直线外一点，有且只有一条直线与这条直线平行。"在许多几何学家看来，这个命题不够显然，不足以成为公理。它更应该是一个需要从其他几何公理证明的命题。欧几里得没能证明"平行公理"，并不意味着它就理所当然地成为公理了。

自欧几里得起到 19 世纪初，无数数学家都尝试过由其他几何公理证明这一命题，却一无所获。很多人都尝试从归谬法入手：先假定这一公理不成立，再试图得出矛盾。换句话说，数学家们提出了过直线外一点可以有多条直线与之平行，或根本不存在直线与之平行的假设，再据此推理出矛盾的结论。然而，由此得到的结果看上去并没有矛盾，而且还很有意思。

到了 19 世纪初，德国数学家卡尔·弗里德里希·高斯、俄罗斯数学家尼古拉·罗巴切夫斯基、匈牙利数学家鲍耶·亚诺什和德国数学家波恩哈德·黎曼等人基于不同于平行公理的命题，提出了其他几种几何。比如在黎曼几何中，过直线外一点就不存在与之平行的直线。于是在 19世纪初，数学家们就开始讨论在几何中能不能用这个或那个公理，就像在一个世纪之后，他们讨论在证明里能不能使用这个或者那个演绎规则一样。高斯甚至担心吓到同时代的人，因而决定不发表自己在这一领域的研究结果。

为了解决非欧几何的危机，庞加莱提出，几何公理并非显而易见之事，而是对于"点"与"直线"的隐含定义；不同的数学家使用不同的公理，是因为他们给"点"和"直线"等词赋予了不同的含义。人们很快发现，非欧几何学家对"点"和"直线"的不同定义实际上并没有看上去那么怪异。比如，在欧氏几何中，三角形的内角和总是180°。而在黎曼几何中，内角和总是大于180°。如果把地球上的北极点、赤道上东经0°和东经90°的两点连成一个三角形，那么它的三个角都是直角，内角和就是270°。沿着类似于地球的曲面画出来的线，就是黎曼几何中"直线"的一个例子。

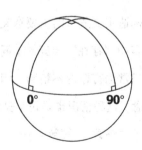

和几何公理一样，演绎规则也并不是显然的，而是规则中出现的"和""或""如果……那么……""存在"等连词和量词的隐含定义。因此，构造主义者使用的演绎规则之所以与其他数学家不同，无非是因为他们给"和""或""如果……那么……""存在"等词赋予了不同的含义。特别是命题"存在一个对象使得……"，在构造主义者眼中意味着"我们知道一个对象使得……"，而在其他人眼中则意味着"应该存在一个对象使得……虽然我们不知道这个对象具体是什么"。这样一来，我们就明白了为什么"存在出境前的最后一站"对于认为它的意思是"我们知道出境前的最后一站是哪一站"的人而言不成立，而对于认为它说的是"应该存在出境前的最后一站，虽然不知道具体是哪一站"的人来说成立。

事后看来，构造主义危机的主要意义在于，它让人们注意到了日常语言中"存在"一词的不同含义。这没什么稀奇的。而且，日常语言概念不精确，因此催生出多个精确的数学语言概念，这种情况也是司空见惯，比如从"数"的概念就衍生出了"整数""实数"……

构造主义在今天

"存在"一词的这两种变形并不互相排斥。今天，我们可能会用"数"来指称整数，而明天就用它来指称"实数"，只要加上一个形容词"整"或者"实"来表明数的类型就行了。同样的道理，我们今天可以用"存在"一词来表示我们能够构造这个对象，明天就用同样一个词来表示对象应当存在，虽然我们不知道如何构造它。

将构造主义与非构造主义弥合起来的最后一步，就是提出谓词逻辑的一种变形，同时包含"存在"的两种说法以及相应的演绎规则。哥德尔在1933年就提出了一套名为"否定性翻译"的逻辑。这套逻辑的细节并不太重要，关键是它证明了构造性数学与非构造性数学可以和平共处，这是布劳威尔和希尔伯特都没有想到的结果。

危机解决之后，有些数学家依旧对于构造主义概念不感兴趣。他们继续使用排中律，也就是仅仅使用"存在"的一种含义。其他数学家继续拒绝排中律，也就是仅仅使用"存在"的另一种含义。还有一些人则心态更为开放，同时使用两种概念，那就是在无法绕开排中律的时候使用它，以后有机会再用构造性方法把同一个定理重新证明一遍。

第 8 章

构造性证明与算法

构造性证明的概念与本书的主题"计算"又有什么关系呢？起初，计算和算法的概念在构造性理论中的地位并不如在可计算性理论中来得高。然而，在构造性证明这一概念的背后，算法的概念就自然浮现出来。

"切"的消去

我们已经看到，使用排中律的存在性证明不一定会给出例证。相反，不使用排中律的存在性证明则似乎总是包含一个例证，无论是以显式还是隐式的方式给出。我们能不能从这种印象入手，证明它总是如此呢？

诚然，在证明中能不能找到例证，并不完全取决于证明是否用到了排中律，还要看它用的是什么公理。比如，"存在……"形式的公理本身就是一个存在性证明，而这个证明并没有给出例证。既然世上有各种各样的理论，如算术、几何、丘奇类型论、集合论……它们都涉及"在不使用排中律的证明中到底存不存在例证"的问题，那么这个问题就会分化成许许多多的问题，和理论的数量一样多。让我们挑一个最简单的理论——无公理理论来入手吧。

不使用排中律的存在性证明必然包含一个例证，至少是隐含其中。这一结论最初的一个证明利用了德国数学家格哈德·根岑在 1935 年提出的一个算法——切消算法。与我们迄今看到的算法不同，这个算法并不作用于数、函数表达式或是计算规则，而是作用于证明。

一个证明可能会包含许多绕来绕去的论题，我们称之为"切"。根岑的算法可以消去切，将证明整理成更为直接的形式。比如，如果一个证明证明了一个普遍性的中间结果，却仅仅为了将其用于一个特殊情况，根岑的算法就会将这部分证明替换成直接针对特殊情况的证明。当我们用这种方法把一个不使用排中律的证明展开之后，总是可以得到一个最后用到了存在量词引入规则的证明，而这时，例证就明白地出现在了证明中。

从这里我们就看到，无论证明的概念是否是构造性的，它与算法的概念之间都呈现出一种联系——证明和数字一样，都是可以计算的对象，特别是在应用了切消算法之后。

根岑的切消算法适用于简单理论，比如无公理理论或算术的证明。法国逻辑学家让-伊夫·吉拉尔于1970年将该算法拓展到了丘奇类型论——集合论的一种变形。在接下来的几年中，这一算法在越来越复杂的理论上得到了应用。

函数与算法

我们已经看到，函数有时候可以通过函数表达式来定义，比如 $x \mapsto x \times x$。但事实并不总是如此。比如，与将数对应到其平方的函数不同，将数对应到其平方根的函数就无法用这样的表达式来定义。为了定义后者，我们首先要定义将 x 与其像 y 之间的关系：$x = y \times y$，然后再证明对于所有正实数 x，都存在唯一一个正实数 y 与 x 之间存在这种关系。根据是否能在存在性证明中使用排中律，我们可以或多或少定义这一函数。构造性理论据此对函数进行分类，区分开可以用构造性证明定义的函数，以及必须使用非构造性证明定义的函数。

用构造性方式定义函数有什么好处呢？好处在于我们借此得到了一种算法：当算法应用在函数 f 定义域中的元

素 a 时，可以计算出与 a 相对应的对象 b。我们可以把克莱尼证明的这一定理看作切消定理的简单结果。实际上，根据"对于集合 A 中所有元素 x，都存在与 x 通过函数对应的唯一元素 y"，我们可以推导出"存在通过函数与元素 a 对应的唯一对象 y"。将根岑的算法应用到这一证明上，则能找出一个存在的例证，也就是通过函数与 a 对应的元素 b。

于是，算法的概念获得了一种更为抽象的全新定义：算法是可以用构造性方式定义的函数。

作为算法的构造性证明

如今，构造性证明与算法之间的这两个联系，如同一座庞大冰山展露的两个小角，而这座冰山就是构造性证明的"算法解释"。在 20 世纪 20 年代，在鲁伊兹·布劳威尔、阿兰德·海廷和安德烈·柯尔莫哥洛夫等人的著作中已经展露出这一思想的萌芽，但"算法解释"主要还是在 20 世纪 60 年代由哈斯凯尔·柯里、荷兰数学家尼古拉斯·霍弗特·德布鲁因和美国数学家威廉·阿文·霍华德等人发展完善的。

在数学上，"解释"和"定义"的差异并不大，只是"定义"定义了一个新的概念，而"解释"则是重新定义一个已有的概念，比如原始概念或者定义不尽如人意的概念。例如，复数的概念在中世纪末期就出现了，当时它是一个原始概念。直到 19 世纪，人们才将复数解释成一个实数对，或是平面上的点……也就是重新给了它一个真正的定义。所以，解释"证明"的概念，就是给下面这个问题一个新的回答：证明是什么？

为了回答这一问题，还是先来提两个相关的问题吧：我们如何使用证明？又是怎样构造证明的呢？

对于"如果 A 则 B"形式的命题，如果我们有了一个证明，那么就可以用它来从命题 A 推导出命题 B，也就是说通过 A 的证明构造出 B 的证明，或者说将 A 的证明转化成 B 的证明。这样一来，命题"如果 A 则 B"的证明与"将 A 的证明转化为 B 的证明"的算法就有了同样的使用方式。同时，我们还可以证明，命题"如果 A 则 B"的证明也可以采用与算法相同的方式来构建。既然命题"如果 A 则 B"的证明与"将 A 的证明转化为 B 的证明"的算法，两者的构建和使用方式相同，那我们就可以说"证明就是算法"，并将证明定义为算法了。

证明的算法解释推翻了自欧几里得以来，一直将数学建立在证明概念上的公理化方法观点。人们由此发现，证明的概念并不是一个原始概念，它可以用更基础的概念——算法来定义。总之，美索不达米亚人将所有的数学都构建在算法之上，在不知不觉中选择了最根本的概念。古希腊人将数学构建在证明之上，则是造成了一个扭曲的印象。

在证明的算法解释中，命题"对于所有自然数 x 和 y，都存在数 z 是 x 和 y 的最大公约数"的证明就是一个算法，它把所有数对 a 和 b，都对应到了一个由数 c 以及证明它是 a 和 b 的最大公约数的证明所构成的组合上。如果将这一算法用于 90 和 21 构成的数对上，通过计算就得到了数 3，以及"3 是 90 和 21 的最大公约数"的证明。

要得到这个结果，要进行什么运算呢？首先要借助根岑的切消算法来简化证明。因此，证明的算法解释指出，不仅证明是算法，而且切消是这些算法的一个解释器。

同时，上述计算和欧几里得算法类似。我们在第 2 章中已提到过，自古希腊人以来的数学论证很少提及算法，而数学实践则大量依赖算法——这种明显的矛盾有一种解释：比如将欧几里得算法用于两个数时，它不仅计算出了最大公约数，还给出了这个数是最大公约数的证明。证明的算法解释明确了证明与算法之间这种古老的联系：对于存在最大公约数的构造性证明就是一个算法——它不但计算出了数值，还证明了这一数值就是应用算法的两个数的最大公约数。

总而言之，构造性证明与算法概念之间的联系实际上非常简单：构造性证明就是算法。

讲述构造性理论的这两章内容最终也得出了一个悖论。与可计算性理论一样，构造性理论对于算法与计算的概念也有重要意义，因为它最终将构造性证明定义成了算法。然而，这些理论所涉及的证明依然是谓词逻辑证明，通过公理与演绎规则构建起来，符合数学的公理化思想，而且这些证明中并没有给计算留出哪怕一点点空间。

从 20 世纪初到 60 年代末，无论可计算性理论还是构造性理论，都没有对公理化方法提出半点质疑。直到 20 世纪 60 年代末，证明仍然全部由公理与演绎规则构建，计算毫无立锥之地。尽管如此，这两种理论赋予了算法概念新的角色，其实已经为批判公理化方法铺平了道路。在接下来的 10 年间，批判公理化方法的变革终于爆发了。

第三篇
公理化危机

第9章

直觉主义类型论

 直到 20 世纪 70 年代初，人们才又一次对公理化方法提出质疑。令人惊讶的是，这次质疑是在多个数学和计算机科学领域同时、独立提出的，包括类型论（构造性领域）、计算机科学，最后还有"实用数学"。而此次变革的参与者却对大家步调的一致一无所知。我们先从类型论开始说起吧。

什么是直觉主义类型论

 到了 20 世纪 60 年代末，有几个进展让构造主义的概念又焕发了新生。一方面，柯里、德布鲁因与霍华德等人的工作推动了证明的算法解释；另一方面，威廉·泰特、佩尔·马丁-洛夫和让-伊夫·吉拉尔证明了新理论中的切消，特别是吉拉尔证明了丘奇类型论（集合论的一种变形）下的切消。这样一来，在构造性数学中，就有可能为丘奇类型论或集合论提出一种等价框架了。其中之一就是马丁-洛夫提出的"直觉主义类型论"。

直觉主义类型论的出发点在逻辑上简直是自讨苦吃：为了给数学建立最小的基础，这一理论不但希望避开排中律，还要绕开丘奇类型论的三个公理——外延公理、选择公理和非直谓概括公理。我们这里就不具体讨论它们了。到了20世纪70年代初，许多数学家自然而然就起了疑心：这个理论这么弱，到底能不能表达很多东西？然而30年后，人们不得不承认，数学的许多分支都可以用这一理论来表达，有时则可以用它的扩展来表达，比如蒂埃里·哥冈和热拉尔·于埃提出的"构造演算"。

依定义等价

马丁-洛夫的直觉主义类型论并不仅仅是把丘奇类型论或集合论去掉了一些东西后的变形。这一理论中引入了新的思想和新的概念。例如，它融合了证明的算法解释思想，将证明定义为算法。此外，它还引入了另一个在丘奇类型论或集合论中都没有的概念："依定义等价"（equality by definition）。

在丘奇类型论和集合论中，只有一种"相等"的概念：两个表达式指称的是同一个对象。但不管这种相等是定义造成的简单结果，还是需要一套复杂的推理，"相等"的说法都是一样的。相反，在直觉主义类型论中有两种相等的概念：一种是集合论和丘奇类型论中普通的相等，另一种就是全新的"依定义等价"。

我们能想到的最简单的定义机制，就是在语言中加入一个新符号，然后声明它等于某个表达式。比如，为了不再反复抄写"$\frac{1}{2}$"这个表达式，我们可以给它一个更简单的代号"d"，借此就引入了一个符号 d，并声明它等于 $\frac{1}{2}$。接下来，表达式 $d+1$ 和表达式 $\frac{1}{2}+1$ 就是"依定义等价"的，因为后者无非是把符号 d 换成了它所代表的表达式 $\frac{1}{2}$。同样道理，命题 $d+1=\frac{3}{2}$ 和 $\frac{1}{2}+1=\frac{3}{2}$ 也是"依定义等价"的。

为了给理论加入这样一种定义机制，我们需要调整"证明"的概念，这里有两种可能的方法。第一种是加入一个公理 $d=\frac{1}{2}$，或是加入一种演绎规则，使得命题 $d+1=\frac{3}{2}$ 和 $\frac{1}{2}+1=\frac{3}{2}$ 可以相互推导。一旦我们加入了这样的公理或演绎规则，如果这两个命题中有一个可以证明成立，那么另一个也必然成立。然而其证明却并不相同：我们需要在一个命题的证明后面再加上一个演绎步骤，才能得到另一个命题的证明。第二种则是宣布其中一个命题的任何证明都是另一个命题的证明。直觉主义类型论选择了第二种做法。这样一来，定义既不是公理也不是演绎规则，而是第三种可以用来构造证明的材料。

实际上，直觉主义类型论的机制不只是简单地用表达式代替符号。我们可以回想一下 β 归约规则，它可以将表达式 $(x \mapsto (x \times x))(4)$ 变换成 4×4；还有丘奇的困境，它先是将这种变换视为计算的一步，最后却回到了较为传统的框架下，提出了一个关于这两个表达式相等的公理。在直觉主义类型论中，马丁-洛夫提出了一种思想：这两个表达式之所以相等，是因为符号 $\mapsto$ 的定义。这个定义比用 $\frac{1}{2}$ 代替符号 d 要来得复杂，但是，除了 "$(x \mapsto t)(u)$ 依定义等价于 t，并将 t 中的变量 x 替换为表达式 u" 这一事实，我们还能给符号 $\mapsto$ 下什么别的定义呢？于是，命题 $(x \mapsto (x \times x))(4) = 16$ 就与 $4 \times 4 = 16$ 依定义等价，其中任何一个命题的任何证明也都是另一个命题的证明。直觉主义类型论又更进一步，把另一些机制也归入"依定义等价"，比如通过数学归纳法定义。这样一来，表达式 $2 + 2$

和 4 之所以相等，是由于加法本身的定义。到了这一步，两个乍看起来完全不同的概念——"依定义等价"和"依计算相等"惊人地汇合了。在直觉主义类型论中，我们在谈到"依定义"相等时也可以说"依计算"相等。

依定义等价与分析判断

不过，直觉主义类型论中出现的"依定义等价"概念，还是不如庞加莱提出的"几何公理是'点'和'直线'的隐含定义"背后的思想来得深入。按照庞加莱的"定义"概念，只要证明两件事相等，那就是"依定义"相等，因为两件事都是用公理来证明的。到头来，依定义等价和普通的相等并没有什么区别。此外，直觉主义类型论中的"依定义等价"是可以判定的，而丘奇定理则证明"依隐含定义相等"不可判定。

在庞加莱和马丁-洛夫的理论之间发生了一件大事——可计算性理论的发展与丘奇定理的出现。丘奇定理迫使我们重新思考"定义"的概念。通常意义下的"定义"概念似乎认为"依定义等价"是可判定的，这让我们不得不放弃庞加莱"公理是隐含定义"的思想。更确切来说，这迫使我们将两种"定义"的概念区分开来：一种是通常意义下的"定义"，在此之下，"依定义等价"可判定；另一种是更宽泛的"定义"，它不受上述这种约束，而且不应与第一种"定义"相混淆。这样一来，公理到底是不是隐含定义就只是个术语问题了。

可计算性理论的发展不但让定义的理论发生了转变，也同样改变了我们对"分析判断"与"综合判断"的理解。康德和弗雷格都使用过这两个概念，而在他们那个年代，可计算性理论还没有出现。在直觉主义类型论中，一个仅仅需要计算的判断是分析判断，而需要证明的概念则是综合判断。所以"2 + 2 = 4"的判断是分析的，而"命题'三角形内角和是180°'成立"的判断则是综合的，虽然后者必然成立，而且并未提及大自然。这一判断和"命题'地球有一个卫星'成立"都属于综合判断，这是因为在判断这两个命题成立时，需要的都不仅仅是计算：一个需要证明，一个需要观察。有了这样的"分析判断"概念，我们得出的结论就和康德差不多了，尤其是认为数学判断一般都是综合判断。

我们在此得到了和第 3 章不同的结论：这一章认为数学判断是综合的，而第 3 章认为数学判断是分析的。你可能觉得这有点奇怪，然而这不是矛盾，只不过是术语不同罢了。古典术语将"分析判断"与"综合判断"对立起来，让人觉得判断只有两种类型，其实，判断至少分三种类型：通过计算作出的判断、通过证明作出的判断和通过需要与自然互动才能作出的判断。大家都同意数学判断属于第二类，只是对这一类该叫什么名字意见不一。

证明简单，验证复杂

在直觉主义类型论中，命题 $2 + 2 = 4$ 的证明就是命题 "$4 = 4$" 的证明，两者是依定义等价的。那么命题 $2 + 2 = 4$ 的证明就非常短，只需要对数字 4 使用公理"任取 x，$x = x$"就行了。这个证明写起来很短，因为所有计算"$2 + 2 = 4$"的步骤都被删掉了。然而，在读到这个证明时，如果我们想确认它的确证明了命题 $2 + 2 = 4$，那就得重新把证明中没有写出的计算再做一遍。

定义同一个概念的方式不同，证明和验证同一个命题就可能变得简单些或复杂些。我们举一个"合数"概念的例子吧。一个数如果不是素数就是合数，也就是说，它可以被1及其本身之外的数整除。例如，91就是合数，因为它还能被7整除。有一个算法可以判断一个数是不是合数：只要试试比该数小的自然数中有没有能整除它的就行了。我们可以由此定义一个算法 f，它作用于合数时值为1，否则值为0。那么"91是合数"这件事就可以用命题"$f(91) = 1$"来表达。这个命题与命题"$1 = 1$"依定义等价，证明写起来非常简单，只要使用公理"任取 x，$x = x$"就好了。然而，要验证这个证明确实证明了命题"$f(91) = 1$"，我们就需要重新计算 $f(91)$，也就是说，重新测试所有比91小的自然数能不能整除91。

另一种解决方案是定义一个作用于两个数 x 和 y 的算法 g，如果 y 能够整除 x，则 g 值为1，否则为0。那么"91是合数"就可以用命题"存在 y 使得 $g(91, y) = 1$"来表述。这个命题的证明就要长一点：首先对91的一个因数（例如7）应用存在量词引入规则，然后像前文一样证明命题"$g(91, 7) = 1$"和命题"$1 = 1$"依定义等价。反过来，验证这个证明就非常快，只要计算 $g(91, 7)$，也就是看看91能不能被 7 整除就行了。应该说，这一次在证明的长度与验证所需的时间之间取得了一个不错的平衡。

我们还可以找到其他保持平衡的方法。比如定义一个作用于三个数 x、y 和 z 的算法 h，如果 x 是 y 和 z 之积，则 h 值为 1，反之为 0。于是"91 是合数"就可以表述为命题"存在 y 和 z 使得 $h(91, y, z) = 1$"。这一命题的证明还要更长一点：首先对两个乘积为 91 的数（比如 7 和 13）应用存在量词引入规则，然后再证明命题"$h(91, 7, 13) = 1$"与命题"$1 = 1$"依定义等价。但是，要验证这个命题就更快了，只要重新做 $h(91, 7, 13)$ 的计算，也就是把 7 和 13 相乘，再把结果和 91 比较一下就好了。

最后一种证明根本没有使用计算规则。这个证明还要更长一点，因为它记录了计算 7 乘以 13 这一算法的每一个步骤……验证方法很简单，但由于证明太啰嗦，最终也显得过于烦琐了。

为了描述这四种证明的差别，让我们想象一个数学家，他希望弄清 91 是不是合数，但是他太懒了，不想自己动手，而是让一个同事来帮忙。于是这位同事就可能给他四种答案：第一种是"91 是合数，你自己算一下就知道了"；第二种是"91 是合数，因为它可以被 7 整除"；第三种是"91 是合数，因为它等于 7 × 13"；第四种是"91 是合数，因为它等于 7 × 13，因为 3 乘以 7 等于 21，1 写下来，2 进上去，7 乘以 1 等于 7，7 加上 2 是 9，9 写下来，所以是 91"。自然，最好的回答是第二种和第三种：第一种太简略了，第四种又太啰嗦了。

不过值得注意的是，在史前数学中只存在第一种答案，而在公理化方法中则只存在最后一种答案。两种居中的答案之所以成为可能，是因为我们可以在直觉主义类型论中，用公理、演绎规则和计算规则来构建证明。

于是，在 20 世纪 70 年代初，马丁-洛夫的直觉主义类型论通过"依定义等价"引入了计算的概念。不过，当时的人们还没有意识到这是一场革命：在这一理论中，除了演绎规则和公理之外，人们终于有了第三种构建证明的材料——计算规则。

第 10 章

自动化证明

在 20 世纪 70 年代初，马丁-洛夫的直觉主义类型论的相关工作还不为计算机科学家们所熟知。但是，"证明不仅包含公理和演绎规则，更包含计算规则"的思想已经悄然出现在计算机科学中，特别是在一个称为"自动化证明"的领域。这时，两所互相瞧不起的大学分别完成了关于类型论和自动化证明的工作——不过，至少他们没有像研究可计算性理论和构造性理论的那些人一样相互中伤。直到后来，人们才看到了两所大学研究工作的融合之处。

所谓自动化证明程序，就是在给定一些公理和所要证明的命题之后，能够利用这些公理来寻找命题证明的计算机程序。

当然，丘奇定理已经事先给这项工作设了限，因为程序不可能判断需要证明的命题到底能不能被证明。但反过来说，程序完全可以只管寻找证明，找到了就停下来，找不到就一直找下去。

"智能机器"的幻想

在 1957 年举办的一次关于自动化证明的大会上，该领域的先驱发表了一些振聋发聩的宣言：首先，在十年之内，计算机将能够比人类更会做证明，数学家会因此而失业；其次，做证明的能力将让计算机变得"智能"，也就是说，它将比人类更会下象棋、更会写诗、更快学会任何一种外语……从此，蹩脚的科幻小说开始描述计算机比人更聪明，并无情奴役人类的世界。然而十年之后大家发现，这些预言一个也没有实现。

制造"智能机器"的努力，加上由此引发的恐慌和幻灭，让人们模糊、混淆了有关自动化证明的若干问题。

第一个问题：在理论上，机器做证明有没有可能像人类做得那么好？如果我们接受了丘奇论题的心理形式，那么似乎至少从理论上，人类做证明的思维过程可以用一套计算规则来模拟，因此也就可以用计算机来模拟。由于丘奇论题的心理形式只是一个假说，那么它的对立面也有可能成立，即人类和机器之间有一道不可逾越的屏障，人类永远都比机器更善于做证明。然而，要支持后面这种说法就必须否定丘奇论题的心理形式，而我们在前面已经看到，丘奇论题的心理形式是另外两个论题的结果：丘奇论题的物理形式，以及唯物主义论题，即人类是自然的一部分。这样一来，就至少得否定这两个论题中的一个：要么否定"人类是自然一部分"，那就意味着否定精神是大脑机能的产物；要么否定丘奇论题的物理形式，这又导致要么否定信息密度有限，要么否定信息传播的速度有限。当然，罗杰·彭罗斯等人希望有一种新的物理学，能够挑战信息密度有限和信息传播速度有限的定律，并由此解释计算机为什么不能模拟大脑的机能。

虽然有上述两个方向，但回过头来看，我们似乎没有办法同时支持信息密度和信息传播速度有限、人类是自然的一部分，以及做证明的思维过程在理论上无法用计算机来模拟这几个观点。

第二个问题与第一个问题相对独立：在现有的条件下，机器有没有可能把证明做得和人类一样好？这个问题就比较容易回答了：就算我们认为机器在理论上可以和人类一样善于做证明，也不得不承认现有的自动化证明程序还是不如人类。

最后一个问题：如果机器做证明的能力和人类一样强，我们有没有理由害怕机器呢？首先，就算这种恐惧有道理，它也不影响前两个问题的答案。假如仅仅因为我们不情愿承认，就说机器不可能比人类更善于做证明，那这和因为厌恶而谎称砒霜没有毒一样荒谬。让我们回到这个问题本身：诚然，我们很难说清这种恐惧到底有没有道理，但机器在做乘法、下象棋和搬重物方面已经"胜过"人类，而这些机器并没有夺权。那么，我们还有理由担心机器比人类更擅长做证明吗？

长期以来，机器与人类竞争的观点引发了众多想象，加上人们执拗地想断定"机器是否能像人类一样进行推理"，这一切掩盖了一个有趣得多的事实：自 20 世纪 50 年代以来，自动化证明程序一直在进步。构造证明的难度天差地别，每一代程序都证明了一些曾让前代程序折戟沉沙的命题。理解推动这些进步的思想，要比纠结于"机器与人类到底谁的推理能力更强"有意义多了。

"归结"与"调解"

起初，自动化证明继承了逻辑的概念框架，特别是公理化方法和谓词逻辑的概念框架。所以，最初的自动化证明方法，比如阿兰·罗宾逊于 1965 年提出的"归结"（resolution），以及拉里·沃斯和乔治·罗宾逊于 1969 年提出的"调解"（paramodulation），都是用来在谓词逻辑下寻找证明的。这些方法的核心是"合一"（unification）算法，它可以比较两个表达式，并告诉我们，将其中的变量用什么样的表达式代换后，可使这两个表达式相同。比如，如果比较表达式 $x + (y + z)$ 和 $a + ((b + c) + d)$，合一算法就会建议用表达式 a 代换变量 x，用表达式 $b + c$ 代换变量 y，用表达式 d 代换变量 z，这样两个表达式就相同了。反过来，如果比较表达式 $x + (y + z)$ 和 a，那么合一算法即告失败，因为无论怎样代换变量 x、y 和 z，都没有办法让这两个表达式相同。

如果我们想用加法结合律公理"任取 x、y、z，均有 $x + (y + z) = (x + y) + z$"来证明命题 $a + ((b + c) + d) = ((a + b) + c) + d$，调解法会将公理中出现在等式一侧的

表达式 $x + (y + z)$ 与要证明的命题中出现的所有表达式相比较。如果比较成功，并提出了代换变量的方法，那么就可以对公理中等式另一侧的表达式做同样的变量代换。在这个例子中，比较 $x + (y + z)$ 和 $a + ((b + c) + d)$ 后，$a + ((b + c) + d)$ 即可变换为 $(a + (b + c)) + d$。那么要证明的命题就变成了 $(a + (b + c)) + d = ((a + b) + c) + d$。第二步，我们把 $a + (b + c)$ 换成 $(a + b) + c$，要证明的命题就变为 $((a + b) + c) + d = ((a + b) + c) + d$。这就很容易证明了，因为它形如 $x = x$。

所以，归结和调解的主要原理就是利用合一算法来提出应该用哪些表达式来代换变量。在此之前，人们会盲目地使用所有可能的表达式进行尝试，期待最终出现合适的表达式。这确实可以得到结果，但花的时间往往很长。人们后来意识到，早在 1931 年，埃尔布朗在研究希尔伯特判定性问题时就提出了这种"合一"的思想，比罗宾逊早了许多年。

合一问题和方程有很多相似之处，它们都需要给变量一个值来让两个东西相等。合一的独特性在于它寻求的是形式上的相等。比如，我们要让表达式 $x + 2$ 与 $2 + 2$ 合一，就应该把变量 x 换成一个让这两个表达式一模一样的东西，在这里可以把 x 换成 2。然而我们没有办法让表达式 $x+2$ 与 4 合一，如果你把 x 换成 2，得到的表达式是 $2+2$。这和表达式 4 不是一回事，就算 2 加 2 等于 4 也无济于事。

将等量公理变为计算规则

如果有一条形如 $t=u$ 的公理，利用调解就可以将 t 的任意实例代换为相对应的 u 的实例，反之亦然。所以，利用结合律公理，每当遇到形如 $p+(q+r)$ 的表达式时，就可以将其括号左移；而遇到形如 $(p+q)+r$ 的表达式，就可将其括号右移。

哪怕是为了解决简单的问题，这种办法都常常需要冗长的计算。比如，如果有人愿意用加法结合律公理来证明一个比上例稍微复杂一点的命题，比如 $((a+(b+c))+((d+e)+(f+g))+h = ((a+b)+(c+d))+(e+((f+g)+h))$，证明的方法会有十几种。因为只需被证明的命题里面有加法，而且加法的其中一项本身又是加法，我们就可以移动括号了。尝试所有的可能性，接下来一步再尝试所有的可能性，然后再尝试……这会花很多时间，哪怕对于计算

机来说也是如此，因此这一方法的成功机会大大降低。毕
竟，如果解决这么一个简单的问题都得算上好几分钟，这
种方法就毫无意义了。

不过，还是有简单的方法可以解决这个问题的。只要
永远将括号左移，绝不右移就行了。这样就可以把要证
明的命题转化为 $(((((((a + b) + c) + d) + e) + f) + g) + h =$
$(((((((a + b) + c) + d) + e) + f) + g) + h$，而这个命题形如
$x = x$，很容易证明。更广义而言，每次遇到形如 $t = u$ 的公
理，我们可以决定只单向使用它，比如只用 u 代换 t，而
不用 t 代换 u。这样一来，就可以避免先把 t 换成 u，又把
u 换成 t，结果回到原点的循环了。在我们决定利用形如
$t = u$ 的公理，且仅用 u 代换 t，而绝不用 t 代换 u 时，这条
公理就转换成了一条计算规则。

然而这还不够，因为在这个命题中，将括号左移的方
式还有许许多多种。为了避免尝试所有的可能性，我们需
要利用一个事实——计算的结果与移动括号的顺序无关。

人们当然希望计算的结果不受应用规则顺序的影响，
然而，这取决于所用的规则是什么。比如有两条规则，一
条可将表达式 $0 + x$ 变换为 x，另一条可将 $x + x$ 变换为

$2 \times x$。那么，根据计算先应用第一条规则还是第二条规则，表达式 $0+0$ 可能变为 0 或是 2×0。如果最终结果与计算顺序无关，我们就说这一组计算规则是"合流"（confluent）的，也可以说它具有丘奇-罗塞尔性质——这是在 20 世纪 30 年代，丘奇与罗塞尔证明的首批关于 λ 演算中 β 归约的性质之一。如果一组计算规则不合流，有时也可以通过添加规则使之合流。在这个例子中，只要再加上一条规则，将 2×0 变为 0，就可以使整组规则合流。

不但将形如 $t = u$ 的公理转换为计算规则，更将其转换为合流规则组，这一思想是由高德纳与彼得·本迪克斯在 1970 年提出的。它可以让我们设计出比原有方法更快的自动化证明方法，因为它消除了先把括号左移，再把括号右移的循环，也避免了那些多余的、仅是规则应用顺序有所不同的尝试。

从合一到解方程

然而这里有个问题：如果我们将公理转换为计算规则，就再也无法证明某些用量词构建的命题了，比如命题"存在 y 使得 $a + y = (a + b) + c$"。在早先的方法中，结合律仍然是公理，本来是可以证明这个命题的。实际上，我们没有办法将结合律的计算规则用于这个命题，因为它的括号已经到了最左边，而表达式 $a+y$ 和 $(a+b)+c$ 又无法合一，因为不管将 $a+y$ 中的 y 换成什么表达式，都没有办法得到 $(a+b)+c$。

1972 年，戈登·普罗特金为找到一种既可以将公理转换为计算规则，又不会损失证明能力的方法奠定了基础。普罗特金的方法和早先的方法一样，为了证明上述命题，都会比较表达式 $a+y$ 和 $(a+b)+c$。但早先的方法会失败，而普罗特金的方法则能够得出解 $b+c$。如果将表达式 $a+y$ 中的变量 y 代换为表达式 $b+c$，就会得到 $a+(b+c)$。这一结果当然与 $(a+b)+c$ 不同，但可以通过计算得到后者。所以，普罗特金的合一算法比罗宾逊的算法更复杂，因为它要考虑计算规则。用普罗特金自己的话说，结合律公理已经被"置入"了合一算法。接下来，人们证明了不仅是结合律公理，其他的等量公理也可以置入合一算法。

比如，我们可以在合一算法中融入所有的算术运算规则。"$x+2=4$"的合一问题在没有计算规则时本来没有解，而现在就有了一个解，因为"$2+2=4$"这种扩展的合一问题就和我们在学校里面学过的方程很相似了。所以，除了做推理和计算外，普罗特金的方法似乎还有第三种用途——解方程。由此我们就可以解释所有高中生都体验过的一件事了：为了解决数学问题，有时候需要计算，有时候需要推理，有时候要解方程。

"解方程"突然闯入了自动化证明方法中，迫使我们重新审视数学中用到的方程。本来，方程由两个包含变量的表达式构成，解则是一些代换变量后可使方程两侧相等的表达式。比如，方程 $x + 2 = 4$ 的解是表达式 a，使得命题 $a + 2 = 4$ 成立。解方程就是要给出 a，以及命题 $a + 2 = 4$ 的证明。对于这个例子而言，我们给出解 2 后，无需证明命题 $2 + 2 = 4$，因为只要计算 $2 + 2$ 得到结果 4 就可以了。所以，数学中就有两类方程：一类需要给出解并证明它是解；一类是只需给出解，因为只需计算即可对解进行验证了。我们在中学里学过的许多方程都属于第二类。如今，人们发现一些更为通用的方法来解这些方程，不过很多时候，这些方法还是不如中学里学过的特殊方法来得高效。

1996 年 10 月 10 日，正是利用了这样一个解方程算法，威廉·麦丘恩的方程证明器 EQP 在不间断地运算了 8 天之后，证明了布尔代数的两种不同定义的等价性。这一结果也许无关紧要，但以前从未有人能够证明它。此项成就虽然无法与自动化证明先驱们的伟大预言相提并论，但仍然非常值得称赞。

丘奇类型论

前文提到的方法可以在一些简单理论中寻找证明，比如结合律理论，其中所有的公理都是等式。为了证明真正的数学定理，人们很自然地想要针对可以表达所有数学思想的理论来设计自动化证明程序，如丘奇类型论或集合论。

我们已经看到，丘奇类型论主要包含一个公理，即β转换公理，其形式是一个等式。1971年，彼得·安德鲁斯提出将这一公理包含在合一算法中。事后看来，这一提议与普罗特金提出的将结合律公理包含在合一算法中的想法不谋而合。次年，热拉尔·于埃成功地完成了这一工作，他提出了"高阶"合一算法，其中包含了β转换公理。这就把β转换公理又带回了它的原点——计算规则。与马丁-洛夫同时，却出于不同的原因，于埃独立提出了将这一公理转换为计算规则。

虽然目标和形式均不同，普罗特金和于埃提出的方法有一个共同点：出发点都是将公理转换为计算规则。这就为回答本章开头提出的问题提供了一点线索：自 20 世纪 50 年代以来，推动自动化证明方法不断进步的思想是什么呢？其中一种思想就是将公理转换为计算规则，以此和谓词逻辑和公理化方法拉开距离。如果保留数学的公理化思想，为了证明命题 $2 + 2 = 4$，我们设计的方法就可能要涉及所有的数学公理，而不是简单算个加法就行了。

第11章

证明检验

　　在发现自动化证明无法兑现所有的承诺之后，一些人转而设定了一个较低的目标——证明检验。在使用自动化证明程序时，我们会提出一个命题，由程序为该命题构造一个证明。而在使用证明检验程序时，我们会同时提出命题及其证明，程序只需要检验证明是否正确就行了。

　　证明检验比自动化证明的目标要稍低一些，但它可以用于更为复杂的证明，特别是用于真正的数学证明。在大学一年级的数学课程中，很大一部分内容都用这些程序检验过。这项工作的第二阶段是从20世纪90年代开始的，它会回过头来审视证明，看看哪些部分可以让自动化证明程序去做，哪些部分还需要人类干预。这种观点与自动化证明的先驱们不同——人类与机器合作的观念已经代替了竞争的思想。

检验数学证明正确与否有什么用呢？首先，哪怕最严谨的数学家也难免有疏忽。比如，有人利用此类程序发现，牛顿对行星运动受太阳引力作用的一个证明中有错误。这个错误是可以纠正的，并不会动摇牛顿的理论，但此类错误在数学著作中十分常见。更严重的是，在历史上还有许多错误的证明，比如对于平行公理、费马大定理（对于大于或等于 3 的自然数 n，不存在正整数 x、y、z 满足 $x^n + y^n = z^n$）和四色定理（我们在第 12 章会再来讨论它）的证明。不但数学爱好者会提出错误的证明，严谨的数学家，甚至大数学家也会犯错。既然我们知道，检验证明正确与否只需要进行一个简单的计算，即确保每一步都是将已证明的命题作为前提，并使用演绎规则得出的，那么利用工具来进行计算就是很自然的事了。

使用数学证明检验程序时，需要将证明写得非常详细，也就是要比传统的数学写作规范更为精确。这有时会显得十分枯燥，但也促使了人们用更严谨的方式来描述数学。在历史上，数学写作的规范一直朝着更严谨的方向迈进，而证明检验程序的出现则是这一漫长历史中的崭新阶段——证明已经严谨到可以让计算机来验证它是不是正确了。

如果数学还停留在牛顿的时代，这种工具很可能没有多大用场。然而在20世纪和21世纪，证明变得越来越长，也越来越复杂。对于某些证明来说，这些工具早晚会成为保证其正确性的必需品。比如在17世纪，费马本人证明费马小定理（若p是素数，则p是$a^p - a$的因数）时只写了半页纸。然而到了1994年，安德鲁·怀尔斯在证明费马大定理时却写了好几百页。很多数学家审读了怀尔斯对费马大定理的证明，都得出结论说他的证明是正确的。虽然他们一开始找到了一个错误，但怀尔斯成功地把它改正了。要确保这样的证明正确固然可以不使用工具——人们以前也正是这样做的，但这需要大量的工作。而且，如果证明的长度不断增长，我们就要想一想数学界的同行们还能不能胜任审读工作。怀尔斯的证明还算不上是最长的。1980年，罗纳德·所罗门的有限单群分类定理证明长达15 000页，包括好几十位数学家撰写的几百篇文章……证明检验程序固然还太粗糙，处理不了这种规模的工作，但它们仍然带来了一线希望，希望有朝一日能够驯服这些庞大的证明。

Automath 工程

在德布鲁因于 1967 年开发的首个证明检验器——Automath 程序中，证明已经是基于公理、演绎规则和计算规则构建的了，虽然这个程序还仅限于 β 归约，以及将定义好的符号替换为其定义。这样一来，我们要证明"2 + 2 = 4"，就不能仅仅做加法，而必须构造一个推理。使用计算机却不能让它做加法——德布鲁因已经发现了这个矛盾，但他似乎对于在证明中使用更多的计算规则还心存疑虑。

后来人们发现，要是每次证明命题 2 + 2 = 4 都要构造一个推理，那这些程序就没办法用了。这就解释了为什么有些程序没有使用集合论，而使用了一种可以同时表达推理和计算的数学形式化方法，比如马丁-洛夫的类型论或其扩展，如构造演算。另一些程序则使用了丘奇类型论，但总会用一条计算规则代替其中的 β 转换，并且常常还会加上其他的计算规则。

可计算，却在事后

证明检验程序的发展，让人们创造出了在数学证明中使用计算规则的全新方式。

我们在第 2 章中曾经提到，有些概念是直接用计算方式定义的，有些则不是。例如，"合数"的定义说的是对于数 x，存在大于等于 2 的两个数 y 和 z，使得 x 等于 $y \times z$。定义并没有直接指出算法，但判定一个数是不是合数的算法却有很多。比如，只要在这个定义中加上"y 和 z 都要比 x 小"，就让定义变得可以计算。因为要判定数 x 是不是合数，只要将所有小于 x 的自然数两两相乘，看看结果是不是 x 就可以了。当然，肯定还有更好的算法，比如逐个测试所有比 x 小的数能不能整除 x。

由此，我们可以定义一个算法 f，使它作用于合数时结果为 1，否则为 0。通过使用这一算法，我们可以给"合数"的概念带来一个全新的定义：对于数 x，如果 $f(x) = 1$，则 x 是合数。不难证明这两种定义是等价的：当且仅当存在数 y 和 z 使得 x 等于 $y \times z$ 时，$f(x) = 1$。

这样一来，我们就有两种方法来证明91是合数了。第一种方法是给出乘积为91的两个数 y 和 z，即7和13，而第二种只需要证明命题 $f(91) = 1$。由于 f 是算法，这个命题在计算后与 $1 = 1$ 相同，我们就可以用公理"任取 x，$x = x$"来证明它。所以，计算规则能够对许多命题的证明构造过程进行简化和自动化。比如，像"$2 + 2 = 4$"这样的证明自然可以使用通过计算定义的概念，但也有类似于"91是合数"这样的命题，其使用的概念虽然不是通过计算定义，人们却事后为这一概念找到了一种算法。这些证明比传统证明更为简练，但检验时则需要重新进行一定量的计算。

证明的正确性

早在设计通用的数学证明检验程序之前，计算机学家们就已经意识到，开发能够验证程序或电路正确性的程序十分必要。事实上，在20世纪的最后10年中，长度和复杂性激增并不是数学证明的专利。程序的长度和电路的体积都呈爆炸式增长，膨胀速度很可能还超过了数学证明。有些计算机程序有数十万行，而读者正在读的这本书只有几千行。程序和电路的复杂度达到了全新层次，和蒸汽机车或是收音机等早期工业产品完全不在一个数量级上。

对于这么复杂的对象，保证其正确的唯一方法就是证明。我们已经看到了证明算法正确的一个例子：一方面，用抽象方式定义"合数"的概念；另一方面，用算法来定义它；最后证明这两种定义等价。我们就此证明了算法相对于抽象定义是正确的。

确认程序或电路正确的证明的篇幅，至少会和其证明的对象——程序或电路的长度成比例。这就和传统的数学证明有所不同了：数学证明篇幅可长可短，但其证明的对象可能只是几句话而已。因此，如果要手工完成这些新型的证明，其正确性很难令人信服，证明检验系统就成了不可或缺的帮手。因此，人们设计出了"验证程序和电路正确性的程序"。

为了证明一个程序或电路正确，我们应当能够表达一件事，就是将某些数值输入验证程序后，该程序应该有什么样的输出。比如，利用欧几里得算法来计算两个数的最大公约数的程序，应该在输入 90 和 21 后，能够输出结果 3。为了描述这一点，我们可以使用公理和演绎规则。不过，既然我们在讨论程序和计算，更自然的方式是使用计算规则。最早出现的程序正确性检验程序，比如罗宾·米尔纳开发的 LCF 程序和罗伯特·博伊尔与 J. 斯特罗瑟·摩尔开发的 ACL 程序，都使用了一种特殊的数学形式化语言——它既不是集合论，也不是类型论，而且包含了一种编程语言作为子语言。如果想要证明欧几里得算法作用于 90 和 21 时得到的结果是 3，只需在这些语言中，用包含在数学语言中的编程语言来表述欧几里得算法，并执行它就行了。

博伊尔和摩尔还更进一步，因为在他们的语言中，演绎规则也被计算规则所替代。诚然，丘奇定理已经事先阐明了此类工作的局限，我们不能要求这些计算规则永远能够终止。自然，ACL 程序的规则也不能保证这一点。借助这个程序，博伊尔和摩尔已经达到了丘奇定理所允许的极限，尽可能实现了希尔伯特用计算代替推理的理想。

德布鲁因及其追随者为一派，米尔纳、博伊尔和摩尔为另一派，二者追求的目标虽然不同，却都得到了与马丁-洛夫、普罗特金和于埃类似的结论：为了构建证明，不但要使用公理和演绎规则，还要使用计算规则。

第 12 章

学界新进展

"构造证明不仅需要公理和演绎规则，更需要计算规则。"这一思想在 20 世纪 70 年代初融入了马丁-洛夫的类型论，更体现在各种用计算机进行的数学证明工作中。这些工作将数学理论和数学证明作为研究对象，也就是说，从外部来观察它们——这都是逻辑的研究工作。然而，数学从来都不是单受逻辑影响就会发生演变的。要产生变革，就必须能给"应用数学"，也就是数学实践带来些什么。

对于公理化思想的质疑，到底是无关紧要的细枝末节，还是对于数学的深刻革命？我们也同样应当从实践中寻找答案。我们会在本章中看到几个例子——四色定理、莫莱定理、黑尔斯定理……这些不是逻辑定理，而是几何定理。

四色定理

19 世纪中叶，一个新的数学问题——四色问题出现了。我们在给地图涂色的时候，可以给地图上的每个区域选择一种不同的颜色。当然我们也可以更为节约一点，把两个区域涂成同一种颜色，只要这两个区域没有相邻的边界就可以了。根据这种思想，弗朗西斯·格思里在1853年发现了一种方法，能够仅使用四种颜色来为英国各郡的地图涂色。有时候四个郡会两两相接，用到的颜色肯定不可能少于四种。所以，给这张地图涂色所需的颜色就恰好是四种。

给英国地图上色到底需要几种颜色的问题解决了，但格思里想，这个答案是仅仅适合这张地图，还是说适合所有的地图呢？于是它提出了一个假说，认为只要最多四种颜色就可以给任何地图上色了，但却没能证明。在25年后的1879年，阿尔弗雷德·肯普认为自己解决了这个问题，证明了四种颜色对于任何地图都足够了。但又过了10年，珀西·希伍德于1890年发现这个证明中有一个错误。直到1976年，凯尼斯·阿佩尔和沃尔夫冈·哈肯才最终解决了四色问题。

肯普的论证虽然有错，却仍然值得注意。给地图上色时，一种自然的做法就是先涂第一块，再涂第二块，接下来涂第三块……这就会出现一个情况，就是我们已经用了最多四种颜色给若干区域上了色，然后还有一个新的区域要上色。如果在这种情况下，我们总是能为新的区域选择四种颜色之一的话，那么不管是什么地图，只要如此反复，我们就可以一点点给它上好颜色了。

在给新区域上色时，我们可以先看看与它邻接的那些已经上好色的区域。如果这些区域恰好还没有用完四种颜色，那么就可以用还没用到的颜色给新区域上色。相反，如果四种颜色都已经用到了，就必须改变原有的涂色，以便空出一种颜色供新的区域使用。肯普的证明中就提出了一种这样的方法，而他正是在这个改变上色的方法里出了错。

肯普的证明尝试为我们带来了一点"数学幻想"：想象一下，我们以某种方法让肯普的论证成立了，但仅限于已经有十个以上区域涂好颜色的地图。只要头十个区域被涂好颜色，我们就有办法涂第十一个、第十二个、第十三个……如此一来，四色问题就变成证明"所有十个以下区域的地图都可以用四种颜色上色"。由于拥有十个以下区域的地图数量有限，我们只要穷举所有情况，一个一个给它们上色就是了。

这种方法和第 4 章中介绍的"消去量词"的方法异曲同工：该方法把在自然数域中求解方程 $x^3 - 2 = 0$ 的问题，转化成了在 0 到 10 之间进行求解。

阿佩尔和哈肯在 1976 年提出的证明就是这样进行的，不过要更复杂一点：首先，阿佩尔和哈肯证明的递推性质并不是"存在一种上色方式"那么简单；再者，他们得到的有限地图集合也不是简单地少于十个区域而已，而是一个本身定义起来更为复杂的集合。然而，证明的总体思想还是一致的，即将四色问题归约为一个在有限地图集合上的问题。该集合中有 1500 种地图，只要逐个枚举验证就行了。但是，要是阿佩尔和哈肯手工进行穷举的话，他们就是算上一辈子也算不完。为了完成这一工作，他们使用了计算机——即便是计算机也花费了 1200 个小时才算完，也就是超过一个半月的时间。即使在今天，我们也不知道如何"手工"而不借助计算机来证明这个定理。

根据这 1500 个验证结果，计算机构建了一个证明。这个证明长达几百万页，没有人能够通读，那把它打印出来也就毫无意义了。

看起来，这个证明的特殊之处在于它很长，必须要使用计算机才能做出来。

四色定理的证明是不是第一个因为太长而必须用计算机来做的证明呢？是也不是。在 1976 年之前，人们就已经使用计算机来测试大整数的素性、计算 π 的小数，或是求描述复杂物理系统的方程的近似解，比如，计算奇形怪状的机械零件上每一点的温度。也是早在 1976 年之前，人们已经证明了形如"数 n 是素数，其中 n 是一个有上千位的数字""π 的前 1000 位是 3.1415926…"或"形状 P 的零件的最高温度是 80℃，其中 P 是一个复杂几何形状的描述"的定理。而时至今日，我们也不知道如何手工证明它们。

然而，和四色定理不同的是，上述定理本身的叙述都很长，它们要么包含一个上千位的数，要么包含 π 的前 1000 位数，要么描述了一个复杂的几何形状。这些定理叙述很长，而定理的证明至少要包含定理的叙述，因此其证明也必然很长，以至于无法手写完成。相反，四色定理的证明看起来并没有注定要长到只能用计算机来做。和四色定理形式类似的某些定理，比如涉及环面而非平面或球面地图上色问题的"七色定理"，就可以用传统方法在几页纸内完成证明。于是，四色定理就成了第一个叙述简短而证明极度冗长的定理。

形式计算

到了 20 世纪 80 年代初，一种新的计算机程序让用计算机证明定理变得稀松平常。我们把这种程序叫作"形式计算"。

我们前面已经说过，在 18 世纪初，随着微积分的发展，新的算法出现了：它们不是作用于数，而是作用于函数表达式，比如 $x \mapsto x \times x$。人们很自然地会希望能用计算机来执行这种算法，比如用它来推导此类表达式。

这些程序很快被物理学家们派上了用场——他们正开始为一些计算犯愁呢。比如，在 19 世纪，夏尔-欧仁·德劳奈花了 20 年来对月亮的运动做近似计算，而形式计算程序算一遍只需要几分钟。而且，重新计算时还发现了一个小错误：德劳奈在抄写一个表达式时把分数 $\frac{1}{6}$ 和 $\frac{1}{16}$ 搞混了。这个错误对于描述月亮运动的影响微乎其微，这也就是为什么人们早先没有发现问题的原因。

　　我们已经看到，欧氏几何是不多见的几个确定性理论之一。有一种依赖多项式计算的算法可以判定几何命题是否可证明成立，如今，它可以用形式计算程序来实现了。比如，"莫雷定理"就可以用这种方式证明。根据这个定理，任取三角形 ABC，分别三等分其三个角，其角三分线相交于三点 M、N、P，则 MNP 是一个等边三角形。

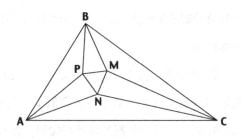

　　这个定理有若干种证明，其中一种是用形式计算程序做出的。在这个证明里，我们先引入 6 个变量，分别代表 A、B、C 的纵横坐标；然后，用这 6 个变量来表达角三分线的方程以及点 M、N、P 的坐标，之后计算 MN 和 MP 的长度，再取这两个长度的差值；最后得到一个函数表达式，经简化后结果为 0。由此可证 MN 的与 MP 长度相等，同理可证 MN 的长度与 NP 相等，由此得出该三角形是等边三角形。

在证明一开始，函数表达式还算简单。但随着一步步推进，表达式就越变越大，到了某个时候需要好几十张纸才能写下它。这项工作太过烦琐，无法手工完成。为了做出这个证明，我们不得不借助形式计算程序的帮助。

和四色定理一样，如果没有计算机，莫雷定理的证明也是长到无法完成了。然而，和四色定理不同的是，这个定理还有其他较短的证明方式，比如1909年由萨蒂亚纳拉亚纳给出的证明。

所以，证明长到无法手工完成的定理可以分为两种：一种是叙述本身就十分庞大的定理，类似于"π的前一千位数是3.1415926…"；另一种则是叙述很短但一眼看不出证明很长的定理，类似于四色定理和莫雷定理。第二类定理还可以再细分为两种：一种如莫雷定理，既有长证明也有短证明；另一种则如四色定理，迄今只有长证明。

黑尔斯定理

直到20世纪末，四色定理还是"叙述短而已知证明都很长"这类定理中的唯一成员。既然仅此一例，使用计算机来证明它在方法论上引起的震动就显得不那么大了。很多数学家都认为，人们早晚会给这个定理找到一个短证明，到那时，就再也不用听人谈论那些长到无法手写的丑陋证明了。然而到了1989年，又有一个定理加入了这一行列，即不存在10阶有限射影平面。接下来，1995年证明了双泡定理，1998年又有了黑尔斯定理——在堆橙子的时候，你使用的空间永远都不可能超过74%，即 $\frac{\pi\sqrt{2}}{6}$，这样一来，在橙子之间至少要留出26%的空隙。这个问题最初由开普勒在1610年提出，在近四个世纪中一直悬而未决。如此看来，四色定理的证明并不是孤例。

这些证明之所以这么长，其原因有二：要么是证明中有很长的分类讨论（如四色定理的证明），要么用到了很长的函数表达式（如莫雷定理的证明）。有时候则是二者兼而有之——黑尔斯定理就是如此。

四色定理的证明真的那么长吗?

对于前面说的那些需要计算机来证明的定理而言，它们的证明实在是太长了，无法手工完成。

但是，如果我们决定使用公理、演绎规则和计算规则来构造证明，就可以省去计算机进行的所有计算，比如在证明 91 是合数时，去掉计算 7 乘以 13 的所有细节。我们在第 9 章中已经看到，这样的证明比较短，但验证起来就要长一些。

理解原因

1976 年，这种新型证明出现时所引发的危机堪比非欧几何或构造主义当年引发的震荡。人们又一次面对这个问题：在数学证明中到底允许做些什么？然而，这次的问题不再是到底能够使用哪些公理或演绎规则，而是如果证明中的计算多到无法手工验证，那它还能算是证明吗？

当四色定理还是孤例的时候，这种争论尚不算激烈。但到了 20 世纪 90 年代和 21 世纪初，随着此类证明逐渐增多，人们开始意识到自己面临的也许不是无关大局的个别现象，而是一场深刻的数学革命。决定到底应该接受还是摒弃这种证明，已成燃眉之急。

新型证明的批评者主要攻击两点：一是这些证明算不上是解释，二是其正确性很难让人信服。

就拿四色定理的证明来说吧。有人说这个定理不算是解释，因为如果任何地图真的都可以用四种颜色上色，那这背后应该存在唯一一个原因，而不可能有1500个不同的原因，却奇迹般地得到同一个结论。要是把一个骰子扔1500次，而这1500次的结果全是"6"，那我们就该怀疑这背后定有蹊跷，比如骰子有问题，而不是单纯地认为自己特别幸运而已。科学方法中也有同样的原则——找出能够解释现象规律的"唯一一个"原因，也就是所谓的"解释"。证明应该能给出这个原因，但阿佩尔和哈肯的证明却恰恰不能。

阿佩尔和哈肯的证明不是一个解释，所有人都同意这一点。而且，所有人都希望有朝一日能够给四色定理找到一个更短、解释得更清楚的证明。话虽如此，难道就因为我们希望找到解释性更强的证明，现有的证明就不作数了吗？

在证明定理时，将问题分成多种情况，并给出每种情况下都成立的论据，这种古老手法就是我们所说的"分类证明"。比如，我们在第1章中证明一个平方数不可能是另一个平方数的两倍，就根据数 x 和 y 是奇数还是偶数分成了4种情况。假如数学中不允许分类证明，那就不仅仅排除了四色定理的证明，更会排除其他证明。任何分奇偶、正负、素数或合数、等于2或不等于2的证明，或者说，几乎所有的数学证明都要被排除在外了。

当然，并不是所有的分类证明都有问题，只是那些分类数非常多的证明遭到了批评。但如果是这样的话，证明中到底分多少类就不能被接受了呢？既然分4类的证明可以被接受，那么除非人为划定一个界限，否则我们也很难拒绝分了1500类的证明啊！

看起来，我们似乎必须承认四色定理的证明确实是一个证明了。虽然它算不上是一个解释，那也无非是说明，我们应该把证明的概念和解释的概念区分开来了。

四色定理的证明对吗？

针对新型证明的另一个批评是，其正确性很难让人信服。

当一位数学家证明了一个新定理的时候，在证明发表之前，其他数学家会进行审读，并寻找其中可能出现的错误。这套体系尽管不是无懈可击，但至少成功地排除了许多错误的证明。证明发表后，谁都可以审读并从中寻找错误。正是通过这种方式，在肯普的四色定理证明发表10年后，希伍德在其中找到了一个错误。

四色定理的证明发表后，一些数学家试图阅读并验证它——这比传统证明要困难得多，因为他们必须重新完成阿佩尔和哈肯所做的所有计算。而在1976年，使用计算机计算一个半月可不是谁都能做得到的。一直到了1995年，尼尔·罗伯特森、丹尼尔·P. 桑德斯、保罗·塞穆尔和罗宾·托马斯才终于用计算机重做了这一证明及其所有计算。在1976年和1995年之间，这一证明正确与否仍留存一个争议：人们无法排除阿佩尔和肯普在撰写程序时会出错的可能性。物理学和生物学界熟知的"可重现性"（Reproducibility）概念对于数学而言还是个新事物。这也让一些人声称："数学变成了实验科学。"不过，我们在后面还会再来讨论计算和实验有什么异同。

要消除人们对证明正确性的疑虑，还有一种可能：证明阿佩尔和肯普使用的程序正确。然而还从没有人这样做过。但这种方法也是差强人意，因为整体证明是由两种不同的语言混在一起写成的：一种是传统数学语言，另一种是用来证明原程序正确性的验证程序的语言。那么，在这两种语言衔接的地方就会留有疑问——某一部分证明中被证明的程序性质，和另一部分证明中使用的程序性质，到底是不是一回事呢？

保证证明正确是如此困难，对此体会最深的恐怕就是负责验证黑尔斯定理的 12 位数学家了：他们在忙活了数年之后，终于宣布能够 99% 确信证明是正确的，而他们使用的方式对于数学界来说还很新奇。

要消除人们针对四色定理正确性的疑虑，最好的方式就是使用证明验证程序。2005 年，乔治·贡蒂埃和本杰明·维尔纳就做了这样的工作，他们用 Coq 程序重写了桑德斯、塞穆尔、罗伯特森和托马斯的证明。Coq 是一个基于构造演算的证明验证程序，而构造演算是马丁-洛夫类型论的一种拓展。在这个证明中，几个概念先是用非计算方式定义，再用算法定义，就像第 11 章讲到的合数概念的证明一样。这些算法定义类似于阿佩尔和哈肯的程序。证明计算性和非计算性定义等价，也就证明了这些程序的正确性。然而，这些程序正确性的证明与定理的其他证明部分使用了相同语言写成，这样一来，整个证明就只用到一种语言，消除了人们对先前证明的主要怀疑——程序写得有问题。

那这个证明有没有可能出错呢？当然有可能，因为不管是由数学家还是由机器来验证，都无法保证绝对正确，而且 Coq 程序本身也可能有问题，导致它接受了错误的证明。不过，我们还是避免了一种可能出现的错误，即程序的撰写错误。

在 21 世纪初，人们尝试了几次在证明验证程序中重写黑尔斯定理证明，也许要过上几年才能得到一个完整的证明。[①]

证明的长度与丘奇定理

所有针对新型证明的批评都指向同一个问题——短证明必然存在吗？比如四色定理到底有没有短证明？保守的数学家们认为，既然数学已经存在了 2500 年，短证明的效力已是人所共睹，凭什么认为四色定理和其他定理就是不一样，就不存在短证明。激进者则认为，一直到 20 世纪，

---

① 黑尔斯定理的证明已用 HOL 证明检验软件重写，开普勒猜想的形式化证明工作于 2014 年 8 月宣告完成。——译者注

短证明都是数学家手中的唯一工具，纵观历史，人们并没有能够构造长证明的工具，以此来比较短证明和长证明的效力不足为信。我们是应该继续这种非正式的争论，还是说，数学自身就可以澄清这个问题呢？

对于证明长度的问题，可计算性理论能够提供一丝线索，虽然这个线索也不太明确。我们可以考虑一下，命题的长度和证明的长度之间是不是有什么关联？对此而言，可计算性理论确实给出了一个答案，不幸的是，答案是否定的。丘奇定理有这样一个结论：存在这样的定理，其长度是 n，而其最短的证明至少长达 $1000n$，或者甚至是 2^n。让我们再用一次归谬法吧：假设对于所有长度为 n 的可证明的命题，其证明长度都小于 2^n；这样一来，就必然存在一个算法，可以确定这一命题是否存在一个证明，因为长度小于 2^n 的文本数量是有限的。算法只要简单穷举这些文本，就可以判断命题是否存在长度小于 2^n 的证明，也就是说，命题是否拥有证明——而这就违反了丘奇定理。

当然，这个说法并未针对四色定理。可计算性理论中给出的仅存在长证明的短命题的例子，其实都是为了证明这一定理而人为构造出来的。话说回来，这也说明我们不能盲目相信所有的数学都很"简单"，或者说，认为所有能做的证明都能在几页纸内写完。科学家们固然希望能给观察到的现象找到简单的解释，但现象有时会很复杂，我们也只能忍了。

能不能证明一个定理只有长证明？

这个问题和数学史上的另一个问题有一定相似之处。丘奇定理的另一个结论就是著名的"哥德尔不完备定理"。虽然后者在 1931 年被证明，也就是比丘奇定理还早了 5 年，却可以被视为丘奇定理的一个简单结论。如同"所有可证明的命题都有短证明"的假说一样，只需要简单穷举，就能发现"所有命题均可在集合论中证明或否定"的假说也违反了丘奇定理。所以，世上存在一些命题，在集合论中既无法证明，也无法否定。1931 年，当哥德尔证明这个定理时，在集合论中无法判定的命题的例子都是为了证明定理而人为构造的。直到 20 世纪 60 年代，保罗·科恩的工作才证明，在 19 世纪末让吉奥格·康托尔一筹莫展的古老数学问题——"连续统假设"就是这样一个无法判定的问题。

这就为未来的数学提出了一个研究方向：证明四色定理、黑尔斯定理或其他什么定理不存在短证明。但不得不承认，就现在而言，我们还不知道该从哪里下手。

征服新领域

如果有人希望仅用公理和演绎规则来构造阿佩尔和哈肯的证明，就会得到一个几千万页的证明。但如果采用公理、演绎规则和计算规则的话，这个证明就只需要几十页。正是由于存在这个短证明，阿佩尔和哈肯才得以成功证明这个定理。丘奇定理还有一个结论：采用公理、演绎规则和计算规则之后，还是会有一些命题仅拥有长证明。对于这些命题，计算规则也帮不上忙了。由此看来，证明命题的难度分为几个等级：

- 有些命题有短的公理性证明；
- 有些命题没有短的公理性证明，但采用计算之后有短证明；
- 有些命题就算用上了计算，也还是只有长证明。

直到 20 世纪 70 年代，所有数学定理都属于第一类。在 70 年代之后，人们开始探索第二类命题，但是，用上计算并不能打开第三类命题的大门。如今看来，这扇大门似乎始终紧闭着，无计可施。

不过，在匆匆得出悲观结论之前，我们别忘了，对于20世纪上半叶的数学家来说，第二类问题的大门也曾是毫无希望地紧闭着呢！

第 13 章

工　具

古代天文学家一直都是用肉眼观察星空，直到 17 世纪初伽利略发明了天文望远镜——或者用一些人的话来说，把望远镜指向了天空。同样，生物学家也曾用肉眼观察生物，直到安东尼·范·列文虎克用上了显微镜。对于许多学科的历史而言，第一种工具的出现划分了两个截然不同的时代。

直到 20 世纪 70 年代，数学基本上仍可算是唯一一种不使用任何仪器的科学。与那些在实验室穿着白大褂的科学同僚们不同，数学家们只需要一块黑板、一支粉笔就能推动科学发展了。数学之所以如此独特，是因为数学判断是分析性的，也就是说无需和自然有任何互动，尤其是不需要任何测量。无论是望远镜、显微镜还是气泡室，归根结底都是测量工具，或者说是我们感官的延伸。数学不需要这样的工具也是理所当然。

1976 年，数学进入了工具化时代。但是，数学家们使用的工具——计算机并不能延伸我们的感官，而是拓展了我们的思维能力——我们的推理能力，特别是计算能力。

当一门学科引入一种工具时，引发更多的是在数量上的变化，而不是在质量上。用望远镜观察木星的卫星和用肉眼观察月亮差不多。不难想象，有人视力特别好，可以用肉眼看到木星的卫星，就像看月亮一样。同样道理，手工证明最多只能写几千页，而计算机把这个上限推升到了上百万页。然而，使用工具确实多次改变了科学的面貌。比如，伽利略用望远镜观察木星的卫星，引发了天文学的革命，因为他发现这些卫星围绕着木星运动，有力驳斥了所有天体都围绕地球运动的观点。

同样，工具的使用也开始让数学发生改变。

数学的实验结果

使用工具可以带来新的数学知识——这个事实有点出乎意料，但也说明，数学判断可以既是后天的，也是分析的。

　　在用计算机或计算器做计算的时候，我们使用了一个真实的物体（计算机或计算器），并观察它。我们需要观察结果才能建立综合判断，比如认定地球有一颗卫星。

　　相反，我们不需要任何观察就可以建立分析判断（比如"2 + 2 = 4"），更重要的是，光靠观察看起来是不够的。

　　我们怎么通过实验来证实"2 + 2 = 4"呢？让我们想象一个用鞋盒子和几个乒乓球做成的简单计算器吧。用这个计算器来计算数 n 和数 p 相加时，首先要把 n 个乒乓球放进鞋盒，再加上 p 个乒乓球，最后数一数盒子里有几个球。比如，我们先往盒子里放了两个球，然后又放了两个球；之后，数数盒子里面有几个球，我们就得到了结果：4。我们也能用其他的办法，比如算盘或是掰手指。

　　这个实验足以证明命题 2 + 2 = 4 吗？严格来讲，不能。"二加二等于四"意味着如果将 2 个物体放进盒子，再放进 2 个物体，盒子里就会有 4 个物体，而这与物体是什么、盒子是什么形状、温度如何或气压如何毫无关系。如果这样证明的话，我们需要把乒乓球换成网球、铁砧或是独角兽，并无限次地重复这个实验。

不过，这个实验得出的结论似乎不只是"此时此地在盒子里面有 4 个乒乓球"——这是一个综合判断，而且还有"2 + 2 = 4"，也就是说，无论在什么地方，只要在盒子里先放 2 个物体、再放 2 个物体，最后就会有 4 个物体——这是一个分析判断。我们怎么可能从实验中得出一个分析判断呢？

为了从这个实验中得出 2 + 2 = 4，看起来我们必须通过某种推理，证明如果在一个特例中，我们在盒子里先放 2 个物体、再放 2 个物体、得到 4 个物体，那么在所有其他的情况下也会得出同样的结果。这就是说，如果我们在火星上做这个实验，并把乒乓球换成网球，结果也是一样的。

一种推理方法是证明 2 + 2 是一个自然数，也就是说它要么是 0，要么是 1，要么是 2，要么是 3，要么是 4，要么是 5……就算我们做的实验无法直接推导出 2 + 2 = 4，似乎它也足以否定 2 + 2 等于 0、1、2、3、5、6……考虑 2 + 2 是一个自然数，而这个数既不是 0，也不是 1、2、3、5、6……那似乎就可以推导出这个数是 4。这样一来，从实验中推导出分析判断貌似是可能的。

通过实验来证实 $2 + 2 = 4$，这是一个后天分析判断。四色定理和黑尔斯定理也是后天分析判断。

把风洞当作模拟计算机

人们意识到后天分析判断的存在之后，却发现自己使用它已经很久了。它会让我们想要去重新审视自然科学中进行的诸多"实验"，比如空气动力学中用到的风洞。

要解释后天分析判断是怎么回事，我们先来简单谈一下自然科学实验吧。提出假设是实验工作的基础。我们可以像哥白尼或伽利略那样，提出行星围绕太阳运转的轨迹是圆形的假设，或者像开普勒那样认为轨迹是椭圆形，我们甚至还可以提出轨迹是正方形或三角形这样更为离奇的假设——无论什么样的假设都可以提出来。

能够直接通过一次实验或观察来验证假设的情况并不多。相反，天文学之所以成为一门科学，是因为我们可以根据这些假设来做出预测。如果你假设行星按照圆形或椭圆形轨迹运动，那么，把望远镜在某个日期指向天空中的某个点，你就应当能够或者不能看到一个亮点。预测给假设提出了考验：如果预测没有实现，假设——更准确来说，至少是做出预测时用到的那部分假设——就被否定了。比如，第谷·布拉赫的观察以及后来开普勒在此基础上的研究，就否定了行星按圆形轨迹运动的假设。

可验证的预测能够破除一些假设，并证实另一些假设。这就将自然科学和对自然的思辨①区分开来。如果一套关于自然的理论不能做出可观察的预测，那它就只能是一种思辨而已，这样的理论没有理由"高人一等"。人们经常争论这样或那样的心理学理论到底是科学还是思辨，归根结底，分歧就是科学理论是否应当能够做出可以验证的预测。

如果我们通过实验来检验一个假设，就会发现自己身处矛盾之中：我们其实已经知道理论预测的结果了；但要是我们不知道结果，就谈不上证明假设，那实验就"毫无意义"了。

不过，如果是在风洞上做实验的话，比如测量机翼附近空气的流速，那么我们并没有理论预测的结果，而这次恰恰是因为不知道结果才要做实验的。我们并不是要证明

---

① 哲学意义上的"思辨"指的是运用逻辑推导进行的纯理论、纯概念的思考。——译者注

流体力学，否则就应该把机翼换成一个更简单的形状，然后测定理论预测的结果，再将之和实验结果相比较。因此，风洞实验并不是自然科学意义下的"实验"。

做实验不是为了证明流体力学定律，那又是为了什么呢？完全是为了了解飞机附近的空气流速。于是，我们可以大胆假设，做这样的实验时，无非是为了得到直接测量的结果，而不必去对比什么理论。这个假设虽然有时能够成立，但通常不太让人满意。因为这个假设意味着，我们必须在实际条件下对机翼做实验，而这并不多见。一般来说，按照实际尺寸生产机翼太过昂贵，实验用的是比例模型。

按比例缩减尺寸还有更为惊人的用武之地，比如在实验台上观测熔岩流下火山山坡时的流速。为了适应火山尺寸的变化，人们会用粘性小一些的液体来模拟熔岩。这样一来，实验的结果必须通过理论来解读。比如，如果火山的尺寸被缩小到千分之一，就需要一套理论才能知道，用来模拟熔岩的液体粘性是应该高出熔岩一千倍、低到千分之一，还是低到百万分之一。

此类实验到底扮演何种角色？另一种解释似乎更让人满意些。开始时，我们有一套系统（机翼）和一个问题（该机翼周围的空气流速是多少）。出于现实原因，实验无法在实际环境下完成。于是我们试图用理论来解决它。理论可以将这个问题重新表述为一个数学问题，但要手工解决这个数学问题还是太难了。于是，我们再用一次理论，设计一个系统模型，也就是另一套物理系统，而这套新系统的数学形式化表达和原问题相同或相近。利用模型做的实验就可得到这个数学问题的解，从而得到原始问题的解。

实验所用的这个模型实际上就是一个用来求解数学问题的机器。这个问题常常可以通过计算来解决，但手工计算太过烦琐。既然目标就是做计算，那么在很多情况下，由计算机"模拟"来代替风洞"实验"就不足为奇了。相反，第谷·布拉赫所做的关于行星位置的实验和测量永远都无法用计算机计算来代替，因为这些工作的首要目的是收集关于自然的信息。

就像计算机所做的计算一样，风洞实验也可以建立后天分析判断——"分析"是因为它解决了数学问题，"后天"则是因为它以与自然的互动为基础。

构造工具所需的知识

我们在第 12 章中已经看到，在数学工作中，比如在四色定理和黑尔斯定理的证明中使用工具，引发了人们对结果可信度的怀疑。质疑还不止于此：这些判断是后天分析判断的事实，又引发了另一个更为抽象的质疑。

数学创造的知识与自然科学构造的知识之间有一个重要的区别。在数学里，一旦一个定理得到了证明，那它就永远有效。比如，毕达哥拉斯学派在 2500 年前证明了一个平方数不可能是另一个平方数的两倍，这个证明直到永远都是成立的。

相反，在自然科学中，我们不是通过证明来构造知识，而是先提出假设，再否定那些预测与实际不符的假设，而保留其他假设。保留下来的假设也只是暂时取得了胜利，因为它们随时可能被新的实验否定。所以，自然科学的知识从本质上来说都是一些猜测。这就是为什么有些自然科学理论最终遭到淘汰，比如托勒密的天文学和中世纪的"冲力说"——用弹弓发射石子，石子之所以在不受弹弓作用后还能继续运动，是因为它在弹弓里时被弹弓注入了

"冲力";还有一些自然科学理论则经过了修正，比如牛顿力学。

这样一来，既然我们在数学中使用了工具，那么就是将数学知识建立在自然知识之上，也就是将分析知识建立在综合知识之上。这样的知识是不是和那些仅依赖证明的知识，比如一个平方数不可能是另一个平方数的两倍一样可靠呢？

我们来举个例子吧。为了用计算器计算乘法，首先需要把这个计算器制造出来。那么就得制造一些半导体和三极管，而它们的机理是用量子力学来描述的。和心算乘法或者在纸上手算乘法不同，在用这个计算器计算乘法时，其结果的正确性取决于量子力学的正确性。而量子力学和所有自然科学理论一样，都可能有朝一日被推翻。将数学知识建立在这些可能被修改的知识之上，到底有没有意义呢？

特别是，如果我们心算乘法和用计算器得到的结果不同，我们更倾向于认为自己计算时出了错，而不是去否定量子力学。在这种情况下，怀疑计算器算错了，就像在纸上手算乘法时怀疑钢笔的墨水发生了心灵感应，而有些数字会自行消失一样荒诞。

有意思的是，虽然使用工具本应让结果变得不那么可靠，但我们却已经看到，人们使用形式计算程序和证明验证程序发现了德劳奈或牛顿计算中的小错误。"分析"似乎意味着使用工具有可能会引入错误，然而事实却证明它改正了错误。这个悖论要怎么解释呢？

在这个悖论的源头，我们似乎想都没想就做出了一个假设：和利用工具完成的计算不同，我们在头脑中进行的计算不可能出错，因为它仅仅用到了一种资源——我们如此完美的思维能力。我们会怀疑自己的感官——这当然非常合理，感官可能出现幻觉——以及基于这些观察匆匆做出的结论，而这些结论很可能被新的观察结果推翻。然而，哲学的传统是将我们自己的思维能力作为所有哲学思考的源泉，因为思维能力的存在是唯一无可怀疑的事。这就导致我们对自己的思维能力过度自信，而它和感官一样可能出错，特别是可能计算出错。

所以，数学进入工具时代，并不是让我们盲目信任使用的工具，而是让我们谨慎看待自己有时过度的自信——我们一样可能出错。

计算机与百万富翁

这一章讲的是在数学中使用工具。如果不来谈一谈工具如何改变了数学工作的组织形式，那这一章就不算完满。就此而言，丘奇定理——在其他科学工具中都找不到它的对应——似乎让数学经历了与其他自然科学都不同的改变。

我们在自然科学中用到了透镜、温度计、望远镜、示波器、粒子加速器还有气泡室。谁制造了这些工具呢？基本上是需要用到它们的科学家。当然，科学家们并不是在一个荒岛上与世隔绝地造出这些工具，需要用到螺丝的时候，他们也会去买。同样，单筒、双筒、天文望远镜中用到的透镜具有相似的生产流程，为了制造天文望远镜，天文学家有时会从制造航海望远镜或剧场望远镜的作坊里买透镜。科学工具的生产并没有和工业生产隔绝，但总体而言，科学家们用到的工具非常特殊。他们有时别无他法，只能自己动手，并且经常制造出独一无二的一件工具，所以这些工具基本上都是作坊出品。如果你到物理或生物实验室去看看，就会看到一些在其他地方从没有见过的东西。

可以想见，数学家使用的工具也不例外，在信息时代刚开始时正是如此。最早的计算机是由图灵、冯·诺依曼等人制造的，这些数学家各自制造了唯一一件样品，你在其他地方看不到类似的东西。然而，如果你现在走进数学或计算机实验室，你看到的计算机和其他随便什么办公室里的计算机并无二致。在参观这些实验室时，最惊人之处就是它们毫无惊人之处。

数学家们竟然使用普通工具，这一事实可以部分用丘奇定理来解释。我们已经看到，根据丘奇定理，人类或机器所能完成的所有运算都可以用一组计算规则来表达，从而用商用计算机来完成。计算机就是一种能够执行所有算法的通用机器。这就解释了我们为什么能用同一台计算机来写信、画画、创作音乐、算账……以及进行数学计算。

不过这种解释并不完整。就算计算机是通用的，还是可能存在不同类型的计算机，做不同计算的速度也会有所差异。如果是这样的话，那就会有不同的计算机来专门用于写信、画画、创作音乐……直到 20 世纪 70 年代末，为了更快地进行某些类型计算（特别是符号计算，即函数表达式、计算规则和数学证明等非数值型计算）来制造专用计算机的想法一直都存在。

这项工作最终被废止了，原因在于，这种计算机是由实验室中就像手工作坊一样的小团队生产的，而商用计算机则是由成千上万的人组成的团队，在工厂中用工业化方式生产的。如果实验室生产的计算机能够将符号计算所需的时间缩短 20%，等到它造出来的时候，商用计算机早已更新换代，能够将任何计算所需的时间缩短 50% 了。"作坊制造"的计算机还没来得及露面，就已经被淘汰了。

如果一种物品的设计成本很高，但单位生产成本却很低，那么哪怕产品不是最优化的，大规模生产也比个别定制更为划算。能让上亿潜在用户掏钱购买，这样的研发动力可比一小撮专家的科研需求要强得多了。

当今世界上有很多此类产品。手机一度只有富人才享受得起，但那时它还十分原始。随着手机的普及，产品逐渐完善，网络也发展起来。如今的手机技术比它还是少数人的奢侈品时要成熟得多。如果有哪个百万富翁想专为自己设计一台手机和配套的网络，就算他家财万贯，最后得到的系统性能也比不上大家通用的手机和网络。就像制药和航空一样，电讯系统也不再是奢侈品。

同样道理，计算机的普及让数学家们满足于使用大众计算机来完成他们的计算。

这是科学研究中使用工具的一种全新方式。在科学工具非常特殊、只能个别生产的年代里，科学活动受工业活动的影响有限：制造蒸汽机要用到热力学，但推进热力学研究的发展却不一定要用到蒸汽机。这样的日子一去不复返了。

第 14 章

公理的终结?

在 20 世纪 70 年代，"证明不单由公理和演绎规则构建，还包含计算规则"的思想同时出现在数学和计算机科学的几个新领域中——马丁-洛夫的类型论、自动化证明和证明检验程序，以及应用数学领域，特别是四色定理的证明中。和大多数情况一样，这种新思想并不是一上来就这么具有普遍性、这么简洁的，因为在刚出现时，它和各种特定的语境混杂在了一起：马丁-洛夫类型论的专家把它视为定义理论的延伸，自动化证明程序的设计者把它当作提高自动化证明方法效率的工具，证明验证程序的设计者将其看成跳过证明中简单小步骤的手段，而应用数学家则视其为利用计算机证明新定理的方法。

一种新思想出现几年后，人们很自然地会思考它的意义，思考是否能将其放在尽可能大的框架下来表达。正是这样的思考，让我在 20 世纪 90 年代末与泰雷斯·哈尔丹、克劳德·基什内尔一起，在最广义的框架——谓词逻辑下重新表达了"证明不单由公理和演绎规则构建，还包含计算规则"这一思想。我们定义了谓词逻辑的一种扩充，称为"演绎模"（deduction modulo）理论。它和谓词逻辑十分类似，只有一点不同：在这一扩充中，证明是用前面所说的三种要素构建的。

让这一思想回归本源，抛开复杂的类型论或自动化证明框架，在纯朴的谓词逻辑中，我们就可以进行统一和分类的工作。我们最初的目标是统一各种自动化证明方法，特别是普罗特金和于埃的方法（参见第 10 章）。我们随后又和维尔纳一起，统一了各种切消理论，尤其是根岑和吉拉尔的理论（参见第 8 章）。事后我们又发现，类型论存在各种变形，仅仅是因为其允许的计算规则有所不同而已。

在这些尝试中，有一点最让人惊讶——希尔伯特那被丘奇定理判了死刑的工作，竟然部分复活了：加上计算规则之后，我们在某些情况下可以不用公理。比如，表达式 $0 + x$ 通过一个计算变成了 x，这一事实让我们绕开了 $0 + x = x$ 的公理。正如丘奇指出的，利用 β 归约规则就可以避开 β 转换公理。

我们吃惊地发现，许多公理都可以用计算规则代替。这让我们隐约看到一种新研究计划的曙光：在谓词逻辑中，证明由公理和演绎规则构成；在演绎模中，证明则由公理、演绎规则和计算规则构成。为什么不能更进一步，去掉公理，仅仅用演绎规则和计算规则来构造证明呢？

在自动化证明乃至切消理论中，公理的存在是许多困难的根源。公理已经"污染"了自希尔伯特以来的数学——如果不是从自欧几里得时代算起的话！这让我们梦想着一种新的逻辑：证明由演绎规则和计算规则构成，不用公理。希尔伯特希望将人们从公理和演绎规则中解放出来，但这个目标太大，最终失败了。然而，如果能够摆脱公理而保留演绎规则，那也算是一个重大进步了。

是否有那么一天，计算能让我们挣脱公理的束缚？还是说，就算有了计算，我们仍然必须在数学大厦中给公理留有一席之地呢？

结　语

旅程的尾声

　　这场数学之旅迎来了尾声，让我们来回顾一下遇到过的那些尚未解决的问题，也许它们能够为未来的数学研究勾画一幅蓝图。

　　我们已经看到，可计算性理论证明了在任何理论中都存在仅有长证明的短命题。但迄今为止，根据这一理论提出的例子都是人为设计的——我们所知的方法还太过原始，无法证明那些真正的数学命题没有短证明，比如四色定理、黑尔斯定理等。为此，我们需要发明一些新的方法。此外，如果能够确认某个定理没有公理化短证明，那么，关于证明与解释的哲学争论就可以见分晓了。

　　迄今未能回答的第二个问题，是在数学中完全抛弃公理的可能性。如果将公理与计算规则相比较，公理看起来像是静物——它就在那里，真实而不变；相反，计算规则十分好动，比如把证明缩短、做新的证明……特别是有了"合流"的概念后，计算规则之间还有相互作用。正因如此，每次我们成功地将公理替换为计算规则时，都觉得欢天喜地。然而，我们的愿望并不总能实现。在某些情况下，我们可能必须留下公理。到底是哪些情况呢？还有待发现。

我们在前面提到，丘奇定理解释了为什么数学在自然科学中起着不可理喻的巨大作用。然而，丘奇定理只给出了部分原因，解释并不完全。比如，虽然它看似解释了重力为什么是一个可以数学化的现象，但仍没有解释粒子物理学中神秘的对称性。丘奇定理能够或不能解释的东西都有什么样的特征呢？

自 20 世纪 70 年代证明四色定理以来，特别是在过去十年中，强烈依赖计算的证明大量涌现之后，我们注意到，工具的使用突破了粉笔和黑板给证明长度造成的限制。没人知道，在数学未决问题的浩瀚海洋中，哪些问题能够依靠这些新工具攻克，哪些可以用传统技术来解决。尤其，计算机未必会为所有数学分支中都带来同样多的新结果，有些领域可能对计算有更大的需求。到底是哪些领域呢？

由计算机构造的证明，其正确性或许只能用证明验证程序来确认。证明验证程序领域的发展可谓日新月异，很可能在几年之内就能给出黑尔斯定理的完整证明。[1] 是否会有那么一天，每个数学家——无论是不是专于此道，都能使用这样的程序呢？

最后一个问题，计算的回归会对数学写作造成什么影响呢？现在的物理书记述了读者可以或多或少重现的实验，同样，未来的数学书或许也会提到借助机器完成的计算，读者如果想要确认计算是不是正确的，就可以用自己的计算机重做。未来的读者如果在历史书中读到，直到20世纪末，数学家还都不用机器，而是完全靠手工解决了所有的问题，说不定还会大吃一惊呢。

---

[1] 如第 167 页脚注所述，这一工作已经完成。——译者注

附录一

人物简介

以下人物介绍仅限于与本书主题相关者，对于所述人物而言，介绍内容可能仅是其次要工作。人物按照姓氏拼音顺序排列。

阿基米德（Archimedes，公元前287—公元前212）确定了抛物线形的面积并得出了圆周率的近似值。

阿那克西曼德（Anaximandre of Miletus，约公元前610—约公元前546）被认为是首个使用"无限"概念的人，由此衍生出我们所使用的"空间"和"无限"概念。

凯尼斯·阿佩尔（Kenneth Appel，1932—2013）与哈肯一起证明了四色定理。

雅克·埃尔布朗（Jacques Herbrand，1908—1931）与哥德尔一起给出了可计算性概念的定义，即埃尔布朗-哥德尔方程组。埃尔布朗定理引出了根岑的切消定理，也为罗宾逊的合一算法奠定了基础。

彼得·安德鲁斯（Peter Andrews，1937—　）提出将 β 转换公理包含在合一算法中，以便为丘奇类型论构造出一种寻找证明的方法。

约翰·巴罗（John Barrow，1952—　）隐约发现了丘奇论题与自然科学中的数学有效性之间的联系。

柏拉图（Plato，约公元前 427—约公元前 347）强调意识不借助外部援助而获得有关自然的知识的能力。

彼得·本迪克斯（Peter Bendix，1946—2007）与高德纳一起提出了一种将一组 $t = u$ 形式的公理转化为一组合流计算规则的方法。

毕达哥拉斯（Pythagoras，约公元前 580—约公元前 490）被认为是算术的奠基人。其一名弟子证明了一个平方数不可能是另一个平方数的两倍。

罗伯特·博伊尔（Robert Boyer，1946—　）与摩尔一起发明了 ACL 系统。它建立在数学形式化的基础上，包含编程语言以及子语言。

尼古拉·布尔巴基（Nicolas Bourbaki）是一群数学家共同使用的笔名，布尔巴基社团成立于 1935 年，他们撰写了一套重要的数学著作，其中引入了函数记法（如 $x \mapsto x \times x$），表示将一个数映射为其平方的函数。

第谷·布拉赫（Tycho Brahe，1546—1601）以前所未有的精度测量行星的位置。开普勒也利用了这些测量结果。

塞萨尔·布拉利-福尔蒂（Cesare Burali-Forti，1861—1931）提出了一个证明了弗雷格逻辑的悖论。

鲁伊兹·艾格博特斯·杨·布劳威尔（Luitzen Egbertus Jan Brouwer，1881—1966）是构造主义的创始人。他与海廷和柯尔莫哥洛夫一起提出了证明的算法解释。

恩斯特·策梅洛（Ernst Zermelo，1871—1953）提出了我们今天还在使用的集合论公理。

理查德·戴德金（Richard Dedekind，1831—1916）是最早提出整数定义和实数定义的人之一。

尼古拉斯·霍弗特·德布鲁因（Nicolaas Govert de Bruijn，1918—2012）创造了第一个证明验证系统——Automath 系统。他与柯里和霍华德一起提出用 λ 演算表达证明，更新了证明的算法解释。

夏尔-欧仁·德劳奈（Charles-Eugène Delaunay，1816—1872）研究了月球的运动。

让·迪厄多内（Jean Dieudonné，1906—1992），法国数学家，布尔巴基学派的代表成员之一。

勒内·笛卡儿（René Descartes, 1596—1650）提出用数字来表示点的位置——坐标。他的名言"我思故我在"是先天综合判断的一个经典例子——心智可以独立获得关于世界的知识。

吉尔·多维克（Gilles Dowek, 1966—　）与基什内尔和哈尔丹共同提出了演绎模和一种自动化证明方法，若干现有方法都是其特例。他与维尔纳一起证明了演绎模下的切消定理，若干已有定理都是其特例。

大卫·多伊奇（David Deutsch, 1953—　）强调丘奇论题的物理形式表达了自然的某些属性。他发现了丘奇论题与自然科学中数学有效性之间的联系。

皮埃尔·德·费马（Pierre de Fermat, 1601—1665）证明了费马小定理，即若 a 为自然数，p 为素数，则 p 是 $a^p - a$ 的约数。他还提出了费马大定理猜想，即若 n 是大于等于 3 的整数，则不存在正整数 x、y、z 使得 $x^n + y^n = z^n$。该猜想于 1994 年由安德鲁·怀尔斯证明。

戈特洛布·弗雷格（Gottlob Frege, 1848—1925）创造了一种逻辑，可看作是谓词逻辑的雏形。

伽利略（Galileo, 1564—1642）是最早将数学用于物理学的人之一。他认为大自然就是用数学语言写成的一本大书。他也是最早将仪器用于天文学研究的人之一。基于这两点，伽利略被视为现代科学（数学化和实验化）的奠基人。他首次观察到了木星的卫星，由此驳斥了所有天体都围绕地球旋转的观点。他的观点与哥白尼类似，但和开普勒不同，认为行星的轨迹是圆形而非椭圆形。

罗宾·甘迪（Robin Gandy，1919—1995）明确提出了丘奇论题的物理形式，并在对自然的某些假设下给出了证明。

高德纳（Donald Knuth，1938—　）与本迪克斯一起提出了一种将一组 $t = u$ 形式的公理转化为一组合流计算规则的方法。

卡尔·弗里德里希·高斯（Carl Friedrich Gauss，1777—1855）发明了一种解线性方程组的算法——高斯消去法。他也是非欧几何的先驱之一。

尼古拉·哥白尼（Nicolas Copernicus，1473—1543）认为包括地球在内的所有行星都围绕太阳旋转（这种理论在古代也有先例），当时，这违背了地球处于宇宙的中心而稳定不动的主流观点。在哥白尼的理论中，行星的轨迹是圆形而非椭圆形。

库尔特·哥德尔（Kurt Gödel，1906—1978）证明了任何理论都可以转化成集合论。他与埃尔布朗一起提出了可计算性的一种定义，即埃尔布朗-哥德尔方程组。他证明了构造数学和非构造数学可以在同一逻辑中共存。他著名的不完备性定理为丘奇定理奠定了基础，证明了类型论及许多其他理论中存在既不可证明也无法否定的命题。

蒂埃里·哥冈（Thierry Coquand，1961— ）和于埃一起提出了"构造演算"，拓展了马丁-洛夫类型论。

弗朗西斯·格思里（Francis Guthrie，1831—1899）提出了四色问题。

格哈德·根岑（Gerhard Gentzen，1909—1945）在无公理的谓词逻辑证明中和数论中提出了切消算法。

乔治·贡蒂埃（Georges Gonthier）与维尔纳一起利用 Coq 程序给出了四色定理的一个证明。

泰雷斯·哈尔丹（Thérèse Hardin）与基什内尔和多维克共同提出了演绎模和一种自动化证明方法，若干已有方法都是其特例。

沃尔夫冈·哈肯（Wolfgang Haken，1928— ）与阿佩尔一起证明了四色定理。

阿兰德·海廷（Arend Heyting，1898—1980）与布劳威尔和柯尔莫哥洛夫一起提出了证明的算法解释。

托马斯·黑尔斯（Thomas Hales，1958— ）证明了开普勒在 1610 年提出的一个猜想，即在堆放球时，有效利用空间不会超过 74%（$\pi\sqrt{2}/6$）。

阿布·阿卜杜拉·穆罕默德·伊本·穆萨·花拉子米（Abū 'Abdallāh Muḥammad ibn Mūsā al-Khwārizmī，约 780— 约 850）是

《代数学》一书的作者，使印度进位制传播到了阿拉伯世界，再传到欧洲。"算法"（algorithm）一词就是从他的名字衍生出来的。

安德鲁·怀尔斯（Andrew Wiles，1953—　）证明了费马大定理。

阿尔弗雷德·诺思·怀特海（Alfred North Whitehead，1861—1947）在与罗素合著的重要论著《数学原理》（*Principia Mathematica*）中提出了类型论。

威廉·阿尔文·霍华德（William Alvin Howard，1926—　）与柯里和德布鲁因共同提出用 λ 演算表达证明，更新了证明的算法解释。

让-伊夫·吉拉尔（Jean-Yves Girard，1947—　）与泰特和马丁-洛夫一起，在 20 世纪 60 年代末和 70 年代初参与了切消理论的研究。特别是，他将切消定理推广到丘奇类型论上。

克劳德·基什内尔（Claude Kirchner）与哈尔丹和多维克共同提出了演绎模和一种自动化证明方法，若干已有方法都是其特例。

博纳文图拉·卡瓦列里（Bonavantura Cavalieri，1598—1647）提出了不可分量法[①]，为微积分的出现奠定了基础。

---

① 即祖暅原理。——译者注

约翰内斯·开普勒（Johannes Kepler，1571—1630）证明了行星的轨道是椭圆形而不是圆形。他还提出了关于球堆放的最佳方法的猜想，该猜想后来由黑尔斯于 1998 年证明。

伊曼努尔·康德（Immanuel Kant，1724—1804）提出了数学的判断是先天综合判断的思想，这一思想在一个世纪后为弗雷格所批判。

吉奥格·康托尔（Georg Cantor，1845—1918）是集合论的创始人。他证明了实数比整数更多，也就是说整数集合实数集之间不存在双射。他还尝试证明"连续统假设"，即实数集是比整数集大的最小无限集合。

保罗·科恩（Paul Cohen，1934—2007）证明了连续统假设在集合论中无法判定。

安德烈·柯尔莫哥洛夫（Andrey Kolmogorov，1903—1987）与布劳威尔和海廷一起提出了证明的算法解释。

斯蒂芬·科尔·克莱尼（Stephen Cole Kleene，1909—1994）提出了可计算概念的一种定义——递归函数。他与丘奇一起，和图灵同时证明了停机问题不可判定。他与罗塞尔一起证明了丘奇提出的数学基础存在。他是最早理解构造主义与可计算性之间关系的人之一。

哈斯凯尔·柯里（Haskell Curry，1900—1982）提出了对丘奇数学基础的一种修改，以避免悖论。他与德布鲁因和霍华德一起提出用 λ 演算来表达证明，更新了对证明的算法解释。

利奥波德·克罗内克（Leopold Kronecker，1823—1891）支持所有数学对象都必须由整数通过有限步骤来构建的观点。这种想法让他成了构造主义的先驱。

阿尔弗雷德·肯普（Alfred Kempe，1849—1922）提出了四色定理的一种错误证明。

戈特弗里德·威廉·莱布尼茨（Gottfried Wilhelm Leibniz，1646—1716）和牛顿共同创立了微积分。他还进行了逻辑形式化的尝试，为之后弗雷格的工作奠定了基础。

波恩哈德·黎曼（Bernhard Riemann，1826—1866）提出了一种非欧几何，其中，直线没有平行线。

安东尼·范·列文虎克（Antonie van Leeuwenhoek，1632—1723）是在生物学首先使用显微镜的人之一。

尼古拉·罗巴切夫斯基（Nikolai Lobatchevsky，1792—1856）提出了一种非欧几何，其中，经过直线外一点，可以作出多条该直线的平行线。

乔治·罗宾逊（George Robinson）与拉里·沃斯一起提出了"调解"的自动化方法，可以利用等量公理在谓词逻辑中寻找证明。

阿兰·罗宾逊（Alan Robinson，1930—2016）创造了"归结"的自动化证明方法，可在谓词逻辑中寻找证明。

尼尔·罗伯特森（Neil Robertson，1938—　）与桑德斯、塞穆尔和托马斯共同给出了四色定理的第二种证明。

约翰·巴克利·罗塞尔（John Barkley Rosser，1907—1989）与丘奇一起证明了 λ 演算是合流的。他和克莱尼一起证明了丘奇提出的数学基础存在。

伯特兰·罗素（Bertrand Russell，1872—1970）提出了一个比布拉利-福尔蒂悖论更简单的悖论，证明了弗雷格的逻辑存在。罗素的类型论修正了弗雷格的逻辑，同时预示着谓词逻辑和集合论的到来。他还提出了数学普遍性的论断。

佩尔·马丁-洛夫（Per Martin-Löf，1942—　）与泰特和吉拉尔一起，在 20 世纪 60 年代末和 70 年代初参与了切消理论的研究。他提出了构造类型论，其中"依定义等价"的概念赋予了计算非常重要的作用。

威廉·麦丘恩（William McCune，1953—2011）创作了 EQP 程序，证明了布尔代数的不同定义的等价性。该定理之前无人证明。

迪米特里·门捷列夫（Dmitri Mendeleev，1834—1907）是化学元素周期表发明人。

罗宾·米尔纳（Robin Milner，1934—2010）创作了 LCF 程序——第一个自动验证程序和电路证明正确性的程序。

J. 斯特罗瑟·摩尔（J Strother Moore，1947—　）与博伊尔一起发明了 ACL 系统，该系统建立在数学形式化的基础上，包含编程语言以及子语言。

弗兰克·莫雷（Frank Morley，1860—1937）首先提出了三角形三分角线交点构成等边三角形的定理。

艾萨克·牛顿（Issac Newton，1643—1727）和莱布尼兹共同创立了微积分。

约翰·冯·诺依曼（John von Neumann，1903—1957）参与建造了第一台计算机——ENIAC。

欧几里得（Euclid，约公元前 325—约公元前 265）创作了《几何原本》，该书介绍了当时所了解的大部分几何知识。他的名字与几何公理、公理化方法和计算两个数的最大公约数的算法联系在一起。

布莱兹·帕斯卡（Blaise Pascal，1623—1662）提出了一个计算二项式系数的算法——帕斯卡三角形①。

亨利·庞加莱（Henri Poincaré，1854—1912）提出，理论中的公理实际上是理论中的概念的"伪装定义"。他对三体问题的研究开创了动力系统理论。他被认为是构造主义的先驱之一。

---

① 亦称杨辉三角形、贾宪三角形。——译者注

　　罗杰·彭罗斯（Roger Penrose，1931—　）认为引力量子理论可能在未来演变成一种与丘奇论题物理形式不相容的理论，而这种新形式的物理带来的不可计算的现象或许正是大脑的工作方式。

　　查尔斯·桑德斯·皮尔士（Charles Sanders Peirce，1839—1914）是量词概念的发明人之一。

　　朱塞佩·皮亚诺（Giuseppe Peano，1858—1932）是最早提出自然数论公理的人之一。

　　莫伊泽斯·普雷斯伯格（Mojżesz Presburger，1904—1943）提出了一种算法来判定数论中所有涉及加法而不含乘法的命题是否可以证明成立。

　　戈登·普罗特金（Gordon Plotkin，1946—　）将结合律公理纳入了合一算法，以便构造一种寻找证明的方法。

　　诺姆·乔姆斯基（Noam Chomsky，1928—　）提出将语法定义为计算方法。

　　阿隆佐·丘奇（Alonzo Church，1903—1995）提出了"可计算函数"概念的一种定义——λ演算。他和罗塞尔一起证明了λ演算是合流的。他与克莱尼一起，与图灵在同时期证明了停机问题不可判定。他又与图灵同时证明了谓词逻辑下的可证明性不可判定。丘奇提出了λ演算及其等价方法可以涵盖通用算法概念的思想。他试图将数学建立在λ演算上，却失败了，但这为未来的众多研究工作打下了基础。丘奇还重新提出了罗素的类型论，融入了某些源自于 λ 演算的思想，最终得出了丘奇类型论。

萨蒂亚纳拉亚纳（M. Satyanarayana）首先证明了莫雷定理。

保罗·塞穆尔（Paul Seymour，1950—　）与罗伯特森、桑德斯和托马斯共同给出了四色定理的第二种证明。

丹尼尔·P.桑德斯（Daniel P. Sanders）与罗伯特森、塞穆尔和托马斯共同给出了四色定理的第二种证明。

西蒙·斯蒂文（Simon Stevin，1548—1601）是最早将加法或乘法运算用于无穷数列的人之一。他也是变量概念的发明人之一和十进制小数写法的倡导者之一。

图拉尔夫·斯科伦（Thoralf Skolem，1887—1963）提出了一种算法来判定数论中仅涉及乘法却没有加法的命题是否可以证明成立。

罗纳德·所罗门（Ronald Solomon，1948—　）完成了有限单群分类定理的证明，证明长达 15 000 页，由数十位数学家写作的数百篇文章构成。

阿尔弗雷德·塔斯基（Alfred Tarski，1902—1983）提出了一种算法来判定实数论中所有既有加法又有乘法的命题是否可以证明成立。

泰勒斯（Thales of Miletus，约公元前 625—约公元前 546）被认为是几何学的奠基人。他通过测量地上的影长，测出了埃及金字塔的高度。

威廉·泰特（William Tait，1928—　）与马丁-洛夫和吉拉尔一起，在 20 世纪 60 年代末和 70 年代初参与了切消理论的研究。

勒内·托姆（René Thom，1923—2002）法国数学家，突变论创始人。

阿兰·图灵（Alan Turing，1912—1954）给出了建立在图灵机概念上的可计算性定义。图灵与丘奇、克莱尼分别独立证明了停机问题不可判定，并和丘奇分别证明了谓词逻辑下的可证明性不可判定。他还提出了类似于丘奇论题的论题。他也是最早的计算机之一 Colossus 的设计团队成员。

托勒密（Ptolemy，约 90—约 168）提出了宇宙的地心说。

罗宾·托马斯（Robin Thomas，1962—　）与罗伯特森、桑德斯和塞穆尔共同给出了四色定理的第二种证明。

弗朗索瓦·韦达（François Viète，1540—1603）是最早将加法或乘法运算用于无穷数列的人之一。他也是变量概念的发明人之一。

本杰明·维尔纳（Benjamin Werner，1966—　）与贡蒂埃一起利用 Coq 程序给出了四色定理的一个证明。他和多维克一起证明了演绎模下的切消定理，其若干已有定理都是特例。

拉里·沃斯（Larry Wos，1930—　）与罗宾逊一起提出了"调解"的自动化方法，可以利用等量公理在谓词逻辑中寻找证明。

大卫·希尔伯特（David Hilbert，1862—1943）提出了谓词逻辑的最终形式。他提出了判定性问题，该问题由丘奇和图灵给出了否定的回答。他还提出了一项旨在用计算取代推理的计划，然而该计划目标过高。他反对布劳威尔的构造项目。

珀西·希伍德（Percy Heawood，1861—1955）对四色定理的证明做出了若干贡献：他发现肯普的证明是错误的，证明了地图可以用五种颜色涂色，并证明了七色定理（四色定理在环面上而非平面或球面上的等价定理）。

大卫·休谟（David Hume，1711—1776）提出了如果两个集合的元素之间能够一一对应，则其元素数必然相等的原理。

玛丽娜·雅盖洛（Marina Yaguello，1944—　）法国语言学家。

亚里士多德（Aristotle，公元前384—公元前322）提出了三段论。

鲍耶·亚诺什（János Bolyai，1802—1860）提出了一种非欧几何，其中，经过直线外一点，可以作出多条该直线的平行线。

热拉尔·于埃（Gérard Huet，1947—　）将 β 转换公理包含在合一算法中。他和蒂埃里·哥冈一起提出了"构造演算"，拓展了马丁-洛夫类型论。

附录二

参考文献

第 1 章

Maurice Caveing, *Essai sur le savoir mathématique dans la Mésopotamie et l'Égypte anciennes*, Presses universitaires de Lille, 1994.

Amy Dahan-Dalmédico, Jeanne Peiffer, *Une Histoire des mathématiques*, Le Seuil, coll. "Points sciences", 1986.

第 2 章

Jean-Luc Chabert *et al.*, *Histoires d'algorithmes, du caillou à la puce*, Belin, 1994.

Ahmed Djebbar, *L'Âge d'or des sciences arabes*, Le Pommier/Cité des sciences et de l'industrie, 2005.

Gottfried Wilhelm Leibniz, *La Naissance du calcul différentiel*, introduction, translation, and annotations by Marc Parmentier, preface by Michel Serres, Vrin, 1989.

第 3 章

René Cori, Daniel Lascar, *Logique mathématique*, Dunod, 2003.

Gottlob Frege, *Écrits logiques et philosophiques*, Le Seuil, 1971.

Gilles Dowek, *La Logique*, Flammarion, 1995.

Paul Gochet, Pascal Gribomont, *Logique*, vol. 1, Hermès, 1992.

第 4 章

Piergiorgio Odifreddi, *Classical Recursion Theory*, North-Holland, 1992–1999, 2 vol.

Alan Turing, *La Machine de Turing*, présenté par Jean-Yves Girard, Le Seuil, 1995.

Ann Yasuhara, *Recursive Function Theory and Logic*, Academic Press, 1971.

第 5 章

John D. Barrow, *Pourquoi le monde est-il mathématique ?*, Odile Jacob, 1996.

David Deutsch, *L'Étoffe de la réalité*, Cassini, 2003.

Robin Gandy, "Church's thesis and the principles for mechanisms", in J. Barwise, H. J. Keisler, K. Kunen, *The Kleene Symposium*, North-Holland, 1980, pp. 123–148.

Roger Penrose, *L'Esprit, l'ordinateur et les lois de la physique*, Intereditions, 1992.

第 6 章

Peter B. Andrews, *An Introduction to Mathematical Logic and Type Theory: To Truth Through Proof*, Kluwer Academic Publishers, 2nd ed., 2002.

Hendrik Peter Barendregt, *The Lambda Calculus: Its Syntax and Semantics*, North-Holland, ed. rev., 1984.

Jean-Louis Krivine, *Lambda-calcul, types et modèles*, Masson, 1990.

第 7 章

Michael A.E. Dummett, *Elements of Intuitionism*, Oxford University Press, 2nd ed., 2000.

Jean Largeault, *L'Intuitionisme*, Presses universitaires de France, coll. "Que sais-je ?", 1992.

第 8 章

Jean-Yves Girard, "Une extension de l'interprétation de Gödel à l'analyse et son application à l'élimination des coupures dans l'analyse et la théorie des types", in *Proceedings of the Second Scandinavian Logic Symposium*, North-holland, Amsterdam, 1971, p. 63–92.

Jean-Yves Girard, Yves Lafont and Paul Taylor, *Proofs and Types*, Cambridge University Press, 1989.

M.E. Szabo (ed.), *The Collected Papers of Gerhard Gentzen*, North-Holland, 1969.

第 9 章

Thierry Coquand, Gérard Huet, "The calculus of constructions", *Information and Computation*, vol. 76, 1988, p. 95–120.

Per Martin-Löf, *Intuitionistic Type Theory*, Bibliopolis, 1984.

Bengt Nordström, Kent Petersson and Jan M. Smith, *Programming in Martin-Löf's Type Theory*, Oxford University Press, 1990.

第 10 章

Franz Baader, Tobias Nipkow, *Term Rewriting and All That*, Cambridge University Press, 1998.

Nachum Dershowitz, Jean-Pierre Jouannaud, "Rewrite systems", in Jan Van Leeuwen (ed.), *Handbook of Theoretical Computer Science*, vol. B, *Formal Models and Semantics*, Elsevier and MIT Press, 1990, p. 243–320.

Gérard Huet, "A unification algorithm for typed lambda-calculus", *Journal of Theoretical Computer Science*, 1975, vol. 1, p. 27–58.

Claude, Hélène Kirchner, *Résolution d'équations dans les algèbres libres et les variétés équationnelles d'algèbres*, PhD thesis, Université Henri-Poincaré, Nancy, 1, 1982.

Donald E. Knuth, Peter B. Bendix, "Simple Word Problems in Universal Algebra", in John Leech (ed.), *Computational Problems in Abstract Algebra*, Pergamon Press, 1970, pp. 263–297.

Gordon Plotkin, "Building-in equational theories", *Machine Intelligence*, vol. 7, 1972, p. 73–90.

John Alan Robinson, "A machine-oriented logic based on the resolution principle", *J. ACM* 12 (1), 1965, p. 23–41.

John Alan Robinson, Andrei Voronkov (ed.), *Handbook of Automated Reasoning*, Elsevier, 2001.

George Robinson, Lawrence Wos, "Paramodulation and theorem-proving in first-order theories with equality", in D. Michie, B. Meltzer, *Machine Intelligence*, vol. IV, Edinburgh University Press, 1969, p. 135–150.

第 11 章

Yves Bertot, Pierre Castéran, *Interactive Theorem Proving and Program Development: Coq'Art: The Calculus Of Inductive Constructions*, Springer-Verlag, 2004.

Keith Devlin, *Mathematics: The New Golden Age*, Penguin Book, 1988.

Jacques Fleuriot, Lawrence C. Paulson, "Proving Newton's proposition Kepleriana using geometry and nonstandard analysis in Isabelle", in Xiao-Shan Gao, Dongming Wang and Lu Yang (ed.), *Automated Deduction in Geometry*, Springer, 1999, p. 47–66.

Michael Gordon, Robin Milner and Christopher Wadsworth, "A mechanized logic of computation", Springer Verlag, 1979.

Rob Nederpelt, Herman Geuvers and Roel De Vrijer, *Selected Papers on Automath*, Elsevier, 1994.

第 12 章

Kenneth Appel and Wolfgang Haken, "Every planar map is four colorable", *Illinois Journal of Mathematics*, vol. 21, 1977, p. 429–567.

Samuel R. Buss, "On Gödel theorems on length of proofs, I: number of lines and speedup for arithmetics", *The Journal of Symbolic Logic*, vol. 39, 1994, p. 737–756.

Claude Gomez, Bruno Salvy and Paul Zimmermann, *Calcul formel: mode d'emploi,* Masson, 1995.

Georges Gonthier, *A Computer-checked Proof of the Four Colour Theorem*, manuscrit.

Thomas C. Hales, "Historical overview of the Kepler conjecture", *Discrete Computational Geometry*, vol. 36, 2006, p. 5–20.

Benjamin Werner, "La vérité et la machine", in Étienne Ghys, Jacques Istas, *Images des mathématiques*, CNRS, 2006.

第 13 章

Herbert Wilf, *Mathematics: An Experimental Science*, manuscript, 2005.

第 14 章

Gilles Dowek, Benjamin Werner, "Proof normalization modulo", *The Journal of Symbolic Logic*, vol. 68, no. 4, 2003, p. 1289–1316.

Gilles Dowek, Thérèse hardin and Claude Kirchner, "Theorem proving modulo", *Journal of Automated Reasoning*, vol. 31, 2003, p. 33–72.

索　引